商業資料分析與應用

（第二版）

萬能科技大學觀光餐旅暨管理學院

洪維廷 彭艷婷 黃國男　編著

全華圖書股份有限公司　印行

國家圖書館出版品預行編目資料

商業資料分析與應用/洪維廷, 彭艷婷,
黃國男編著. -- 二版. -- 新北市：全
華圖書股份有限公司, 2024.02
　　面；　公分
ISBN 978-626-328-854-6(平裝)

1.CST: EXCEL(電腦程式)
312.49E9　　　　　　　　113001230

商業資料分析與應用(第二版)

編著／萬能科技大學觀光餐旅暨管理學院 洪維廷 彭艷婷 黃國男

執行編輯／王詩蕙

封面設計／盧怡瑄

發行人／陳本源

出版者／全華圖書股份有限公司

郵政帳號／0100836-1 號

印刷者／宏懋打字印刷股份有限公司

圖書編號／0633201

二版一刷／2024 年 02 月

定價／新台幣 390 元

ISBN／978-626-328-854-6　(平裝)

ISBN／978-626-328-852-2　(PDF)

全華圖書／www.chwa.com.tw

全華網路書店 Open Tech／www.opentech.com.tw

若您對書籍內容、排版印刷有任何問題，歡迎來信指導 book@chwa.com.tw

臺北總公司(北區營業處)
地址：23671 新北市土城區忠義路 21 號
電話：(02) 2262-5666
傳真：(02) 6637-3695、6637-3696

南區營業處
地址：80769 高雄市三民區應安街 12 號
電話：(07) 381-1377
傳真：(07) 862-5562

中區營業處
地址：40256 臺中市南區樹義一巷 26 號
電話：(04) 2261-8485
傳真：(04) 3600-9806(高中職)
　　　(04) 3601-8600(大專)

序言

本校於 104 年 8 月 1 日將觀光餐飲學院與管理學院兩院合併，成為觀光餐旅暨管理學院，經合併後，本院轄下計有：觀光與休閒事業管理系、餐飲管理系、旅館管理系、航空暨運輸服務管理系、企業管理系暨經營管理研究所、行銷與流通管理系、資訊管理系（所）等七個系所。

在合併後為能培養更符合本院教育目標之學生，先針對院共同必修課程進行調整，經與商管群主任們討論後，規劃商管群的院共同必修課程為：經營管理概論、商業資料分析與應用、職場商用英文等三門，並由院內專任教師共同研討規劃課程教材，希望設計出符合本院商管群學生特性，以及業界所需要的經營管理相關知識。

經老師們討論後，本書章節共計五章，內容涵蓋：資料分析概論與 EXCEL 基本概念、用圖表呈現資料、資料的集中趨勢與離散趨勢、函數與樞紐分析、實務案例等範圍，在考量教學進度以及學習效果，全書內容控制在 200 頁以內，讓教師與學生能在正常且適當的份量下有效地授課與學習。每一章除理論敘述外，於章節中加入實務案例，使本書能兼具理論與實務的雙重特性。再者，各章最後皆附有習題，讓學生得以自我檢視學習成果。本書另附有教學投影片，協助教師能更快融入並實施教學。

本書係集合萬能科技大學觀光餐旅暨管理學院商管群各系以及眾多師生之力方能完成。從作者的找尋、撰寫方向的討論、個案的蒐尋，到催稿、交稿、校稿、定稿等，過程充滿各式各樣的挑戰與難關，幸好團隊中的每個成員都能克盡本分、戮力以赴，終致此書得以付梓，其中滋味只有身在其中方能慢慢體會與回味。本書期許，透過量身規劃的教材安排，循序漸進培養學生具備商業資料分析與應用的基本能力，讓商管群的學生成為一名優秀專業經營管理人才。本書爰引之資料頗多，雖寫作上以力求周延並經過多次校稿與改寫，難免仍有遺漏謬誤之處，尚祈讀者不吝指正，做為日後寫作的改進。

萬能科技大學觀光餐旅暨管理學院　院長呂堂榮　謹誌

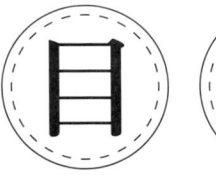

目　錄

資料的集中趨勢與離散趨勢

03

函數與樞紐分析

04

實務案例

05

資料分析概論
與 EXCEL 基本觀念

學習目標

資料分析在現今的趨勢扮演著非常重要的角色。透過本章，讀者將能夠學習到資料分析的概念及商業上的應用。我們介紹 Excel 的基本介面操作及數學函數的應用，同時探討統計學的資料類型、尺度及區分資料特性的重要概念。

本章大綱

　　Excel 是一個功能強大的電子試算表軟體，由 Microsoft 開發，廣泛用於處理數據、執行計算、建立圖表和報告，以及進行數據分析，它的多功能性使其適用於各種不同的工作和用途。

　　對於個人用戶來說，Excel 是一個有用的工具，可以幫助您輕鬆組織和追蹤各種資訊，從家庭預算到健身進度，您可以使用 Excel 來建立日程表、財務試算、管理個人項目，並輕鬆產生圖表讓數據更容易被解讀。

　　對於組織來說，Excel 是一個不可或缺的工具，用於數據分析、業務報告和決策支援上，它允許專業人士迅速計算和分析大量數據，並建立具有視覺效果的圖表，幫助團隊理解趨勢和商業模式，Excel 的共同協作功能還使多人能夠同時在一個工作簿上工作，實現協作和資訊共享。

　　無論您是初學者還是經驗豐富的用戶，Excel 提供了多種數據處理工具，可以滿足各種需求，它是一個能夠提高生產力、精確性和效率的多功能工具，不論您處理的是個人數據還是業務數據，都是一個強大的助手。

>> 1-1　資料分析概論

　　本章將引領讀者深入了解資料分析的基本概念和在商業環境中的重要性。我們將探討資料分析如何揭露數據中的趨勢、模式和洞察，以協助組織深入了解市場需求、客戶行為和競爭情況。透過適切的資料分析，組織能夠更準確地預測市場變化，優化銷售流程，提高效率，並支持策略制定和決策過程。無論您是從事市場銷售、供應鏈管理、財務分析，還是任何其他商業領域，資料分析都是您成功的關鍵之一。

1. 進行資料分析的理由：

- **洞察市場趨勢與模式：** 資料分析使組織能夠從大量數據中識別市場趨勢、消費者行為和消費者需求模式。這有助於制定更精準的市場策略，確保產品和服務與市場保持一致。

- **支持決策制定：** 資料分析提供了客觀的數據基礎，協助組織做出更明智的決策。透過分析市場反饋和趨勢，組織能夠調整策略，更有信心地應對挑戰。

- **發現潛在商機：** 資料分析可以揭示潛藏在數據中的問題，幫助組織發現新的商機或優化現有流程，包括挖掘客戶行為模式、優化生產過程等。

2. 進行資料分析的優勢：

- **精準預測與規劃**：資料分析使組織能夠建立預測模型，預測市場需求和變化，從而適應性地調整生產和供應鏈，達到更高的效率。

- **優化營運效率**：透過資料分析，組織可以優化營運流程，識別效率低下的環節，實現成本節約和資源最佳化分配。

- **客戶洞察與個性化服務**：透過資料分析客戶數據，了解其偏好和需求，從而提供更個性化的產品和服務，提高客戶滿意度和忠誠度。

這些方面彰顯了資料分析在組織中的重要性。透過洞察市場趨勢、支持決策、發現潛在商機，資料分析有助於組織在競爭激烈的商業環境中取得優勢。同時，資料分析還透過精準預測、優化營運和個性化服務等方面，為組織帶來效益和增長的機會。

》》 1-2 EXCEL 基本功能介紹

這節將帶您深入了解資料分析的核心概念和 Excel 基本操作，為您打下堅實的基礎，讓您能夠輕鬆地開始進行商業資料分析，從而為您的組織帶來更大的成功和競爭優勢。無論您是初學者還是有經驗的專業人士，都將為您揭開資料分析的大門，掌握這一項關鍵技能，助您在競爭激烈的商業環境中取得成功。

1. Excel 介面與基本操作

Excel 的基本觀念是理解和掌握這個電子試算表的核心概念和操作方式，無論是處理數據、撰寫報告、執行計算還是製作圖表，都是不可或缺的工具，為您提供了處理數據和建立工作表的基礎知識。以下是 Excel 的基本觀念：

- **工作簿（Workbook）**：Excel 文件的基本結構，類似一本數據表的集合，一個工作簿可以包含一個或多個工作表。

- **工作表（Worksheet）**：工作表是以表格的方式呈現，由欄和列所組成，用於組織和儲存數據。

- **儲存格（Cell）**：工作表中的基本數據儲存單位，每個儲存格由一個唯一的地址（欄和列的組合）標識。

● **欄（Row）**：工作表中的水平區域，用字母（如 A、B、C）標識。

● **列（Column）**：工作表中的垂直區域，用數字（如 1、2、3）標識。

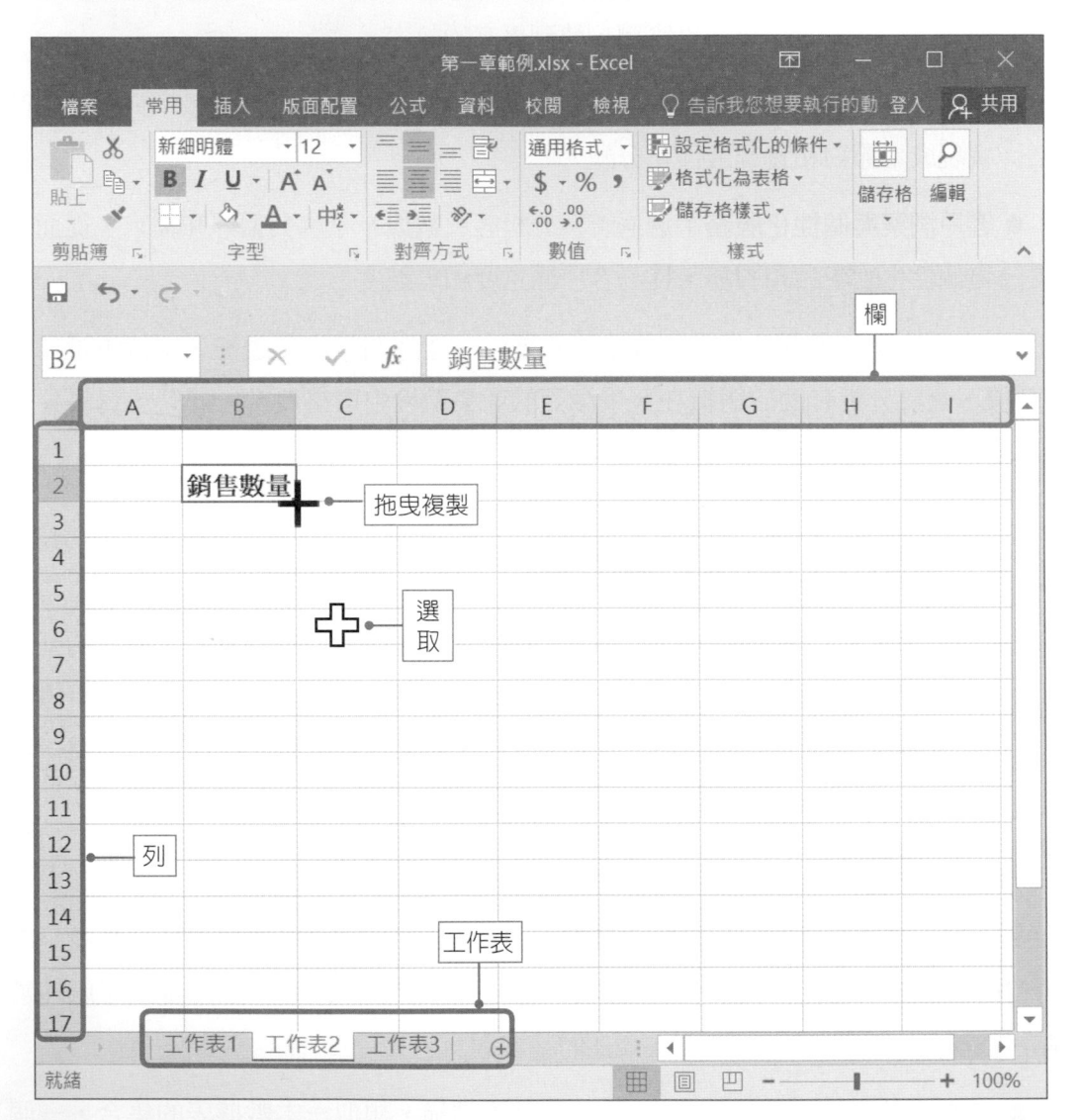

　　此段落將引導您了解 Excel 的基本功能，從最基本的數據輸入和格式設定，到高階的函數和圖表建立。您將學習如何在 Excel 中建立和編輯工作表，使用公式和函數執行計算，以及如何將數據視覺化為圖表和圖形。無論您是新手還是有一定經驗的 Excel 使用者，都將幫助您更好地掌握 Excel 的基本功能，提升數據處理技能。

2. 數據輸入：

● **功能介紹：** Excel 是一個優秀的數據處理工具，您可以在儲存格中輸入各種類型的數據，包括數字、文字、日期等。

● **案例：** 在 A1 儲存格中輸入「銷售數量」，然後在 A2 到 A6 儲存格中分別輸入相應的數據（例如 10、15、20、25、30），每輸入一個數據，則按一次「Enter」按鍵。

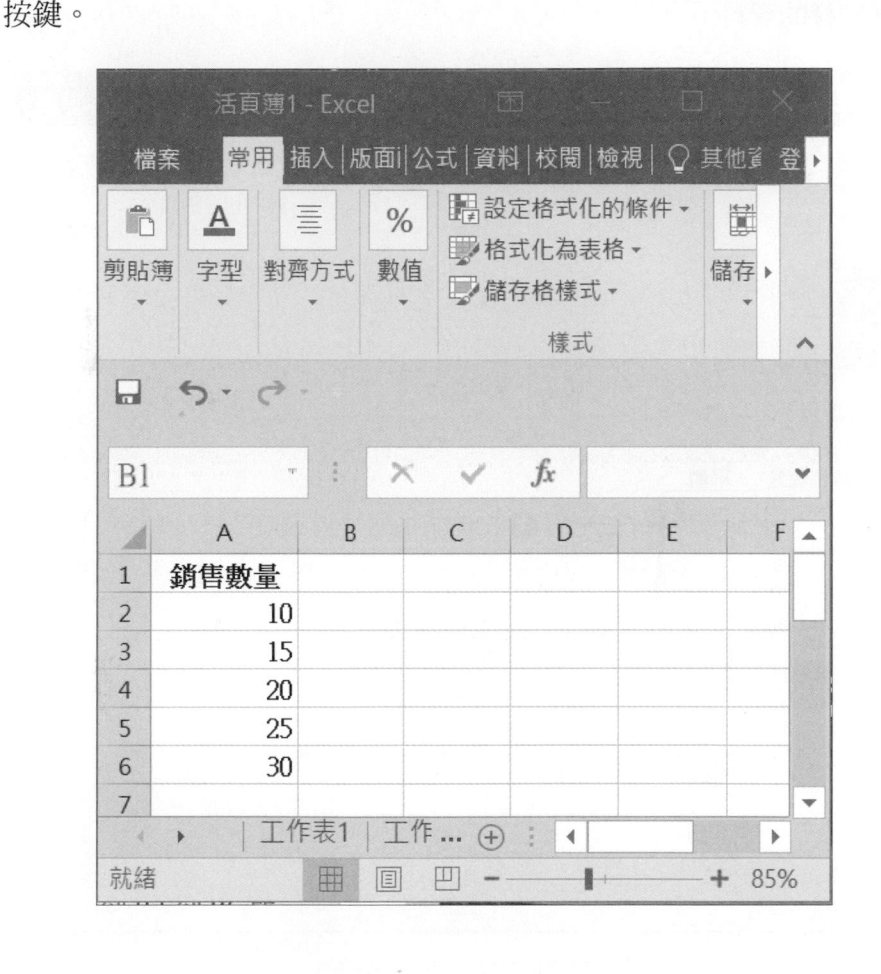

3. 自動填充資料：

- **功能介紹：**Excel 具有自動填充功能，可識別資料並延伸資料，從而更快速地填充相鄰儲存格。

- **案例：**在 B1 輸入「單價」，並在 B2 儲存格中輸入 2 後，將游標移至右下角則會出現黑色「十」，按住左鍵不放，從 B3 到 B6 儲存格往下拖曳，Excel 將自動填滿同樣的資料。

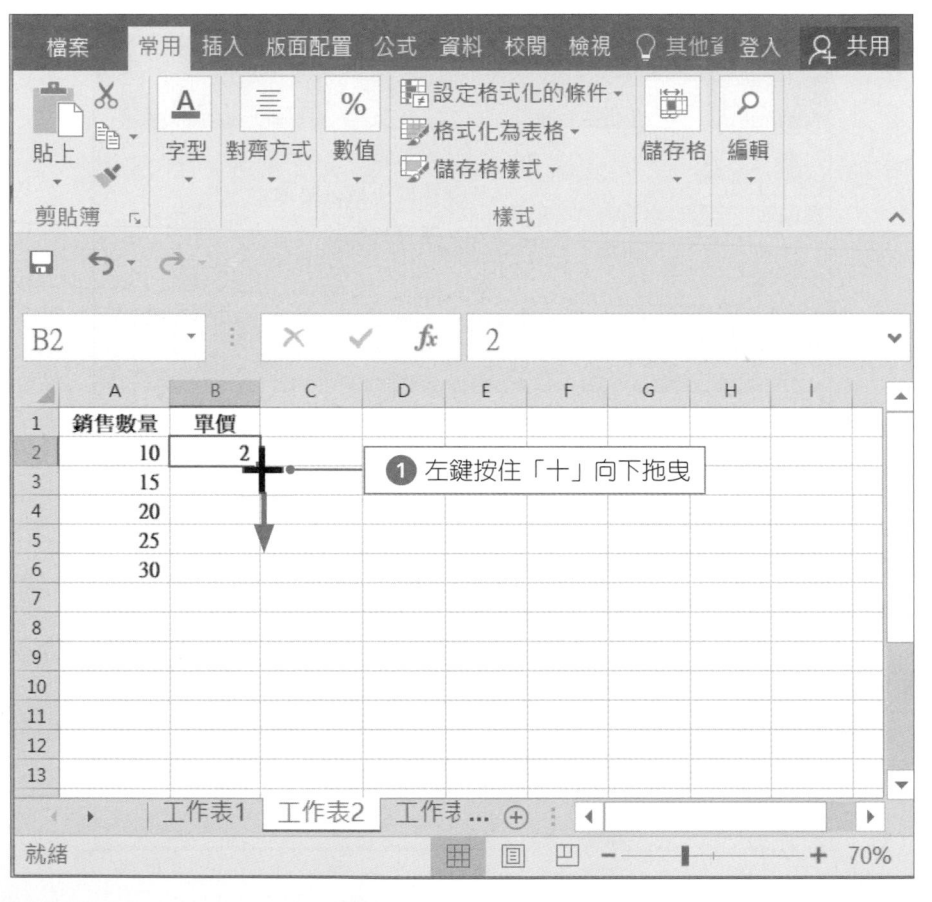

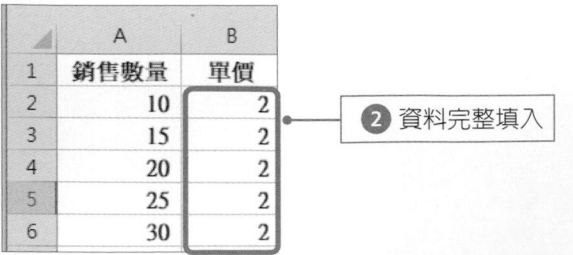

4. **自動填充公式：**

● **功能介紹：**Excel 支援各種數學和統計公式，這使得您可以在儲存格中進行計算，無需手動計算，並可自動計算和填充公式。Excel 具有自動填充功能，可識別資料並延伸資料，以便更快速地填充相鄰儲存格。

● **案例：**C1 輸入「總銷售額」，並於 C2 儲存格中計算「銷售數量 X 單價＝總銷售額」。在 C2 輸入「=A2*B2」後按「Enter」，則會自動計算出「總銷售額」（輸入公式前一定要加上「=」，A2 和 B2 可使用滑鼠直接點選），將游標移至 C2 右下角則會出現黑色「十」，按住左鍵不放，從 C2 向下拖曳至 C6 儲存格，則自動填滿帶有公式的資料，EXCEL 會自動依儲存格順序，往下加 1，將每筆「總銷售額」依序計算出來。

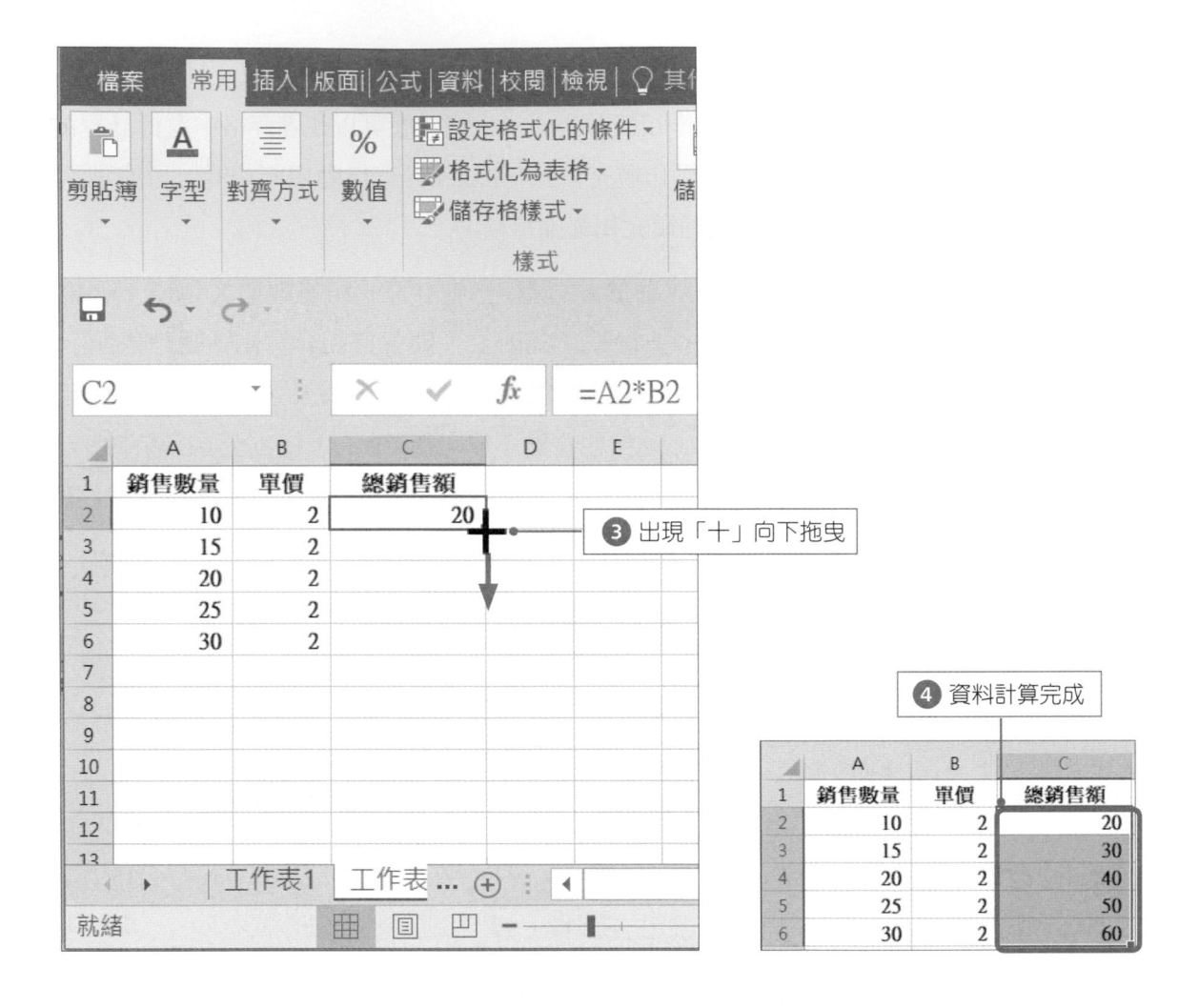

5. **公式自動加總 Σ：**

● **功能介紹**：Excel 可將多筆數字自動加總，而不需要手動計算，節省逐一計算的時間。

● **案例**：在 C7 儲存格中做加總，在 C7 輸入「=SUM(C2:C6)」，C2~C6 是加總的範圍，或在【常用】中點選「Σ」，將自動選取預設的範圍，或手動拉取加總範圍，將計算「總銷售額」的合計。輸入函數時最前面一定要加上「=」，在輸入資料後，「資料列」同時會出現資料或內含的公式。

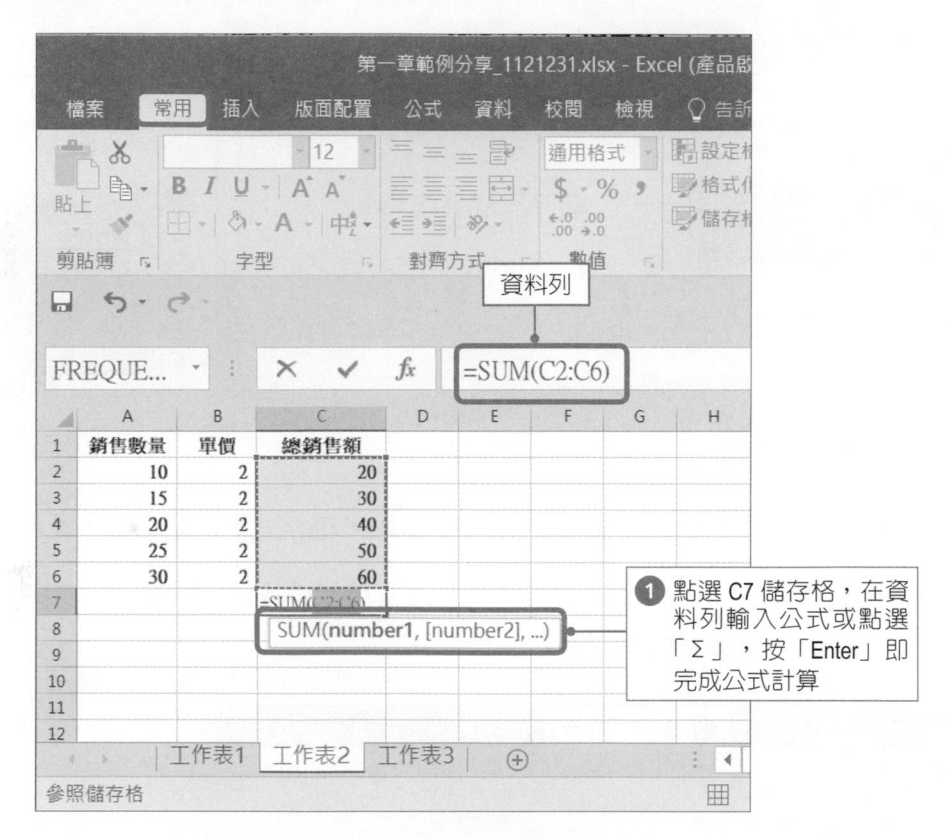

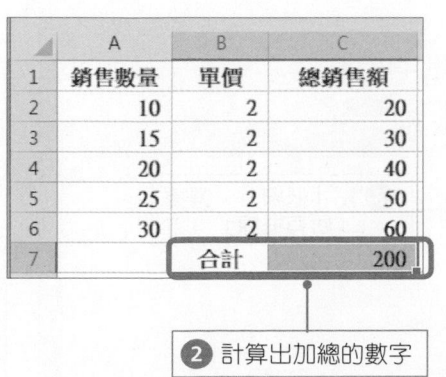

6. **數據排序：**

- **功能介紹：**Excel 可以幫助您輕鬆對數據進行排序，以便更容易閱讀和分析。

- **案例：**選擇 A1 到 C6 的範圍，然後點擊【資料】選項中的「從最大到最小排序」，資料則會依照銷售數量由大到小排列。

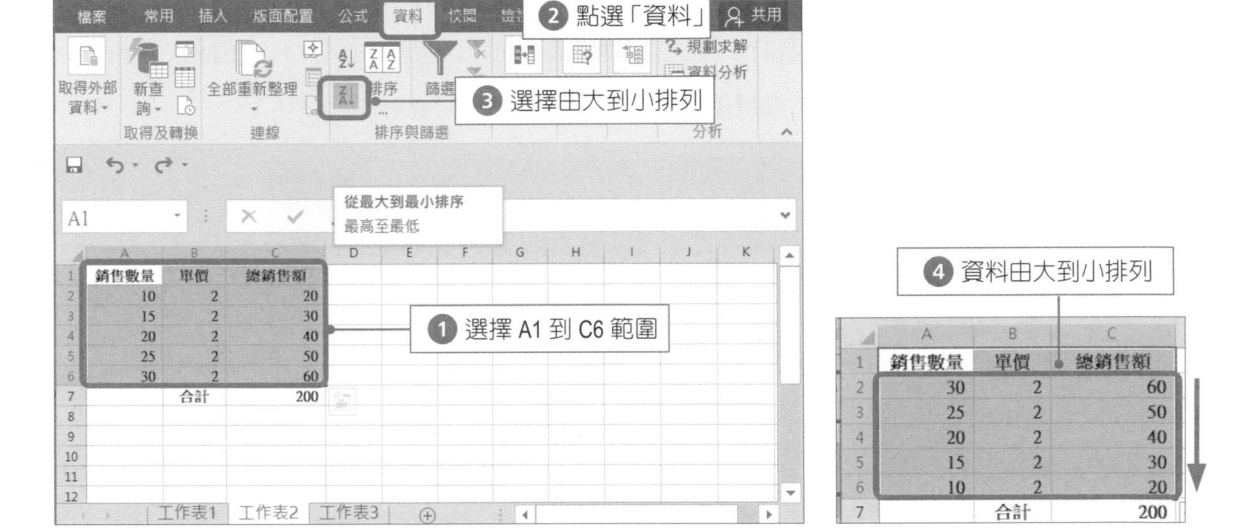

7. **表格框線製作：**

- **功能介紹：**Excel 可將儲存格加上框線，讓格式更清楚美觀，更具可讀性。

- **案例：**選擇 A1 到 C7 儲存格，在【常用】中找到「框線」，選擇「所有框線」，或可依需求選取不同的框線方式。

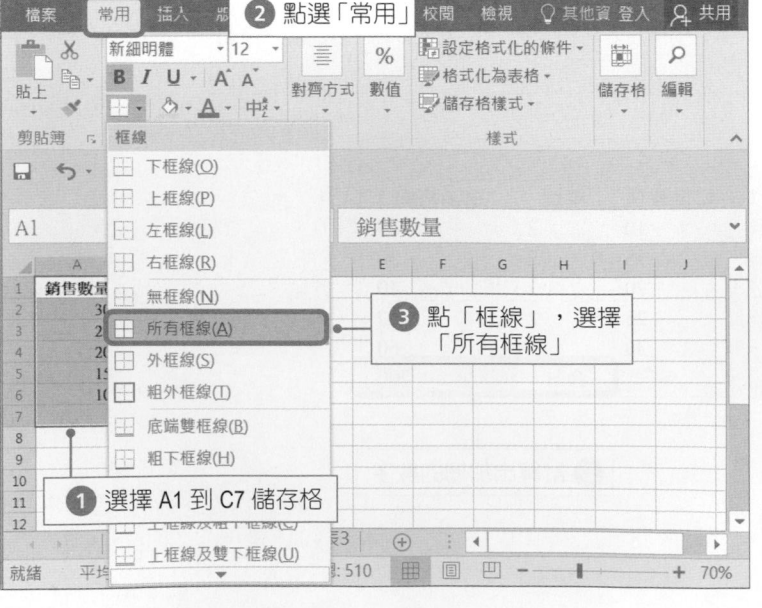

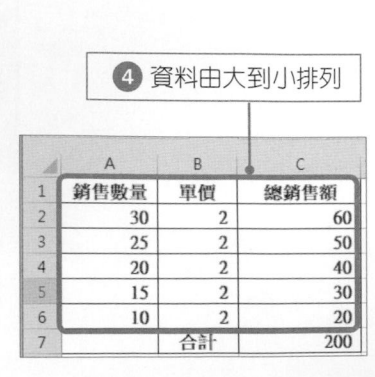

8. **數據格式設定：**

● **功能介紹：**Excel 允許您自定義儲存格的格式，包括字體、數字格式、日期格式等，以增強數據的可讀性。

● **案例：**選擇 B2 到 C6 儲存格，在範圍內按「右鍵」，選擇「儲存格格式」，然後選擇 $ 貨幣格式，設定小數位數為 2，這將使該儲存格以 $ 貨幣格式顯示。

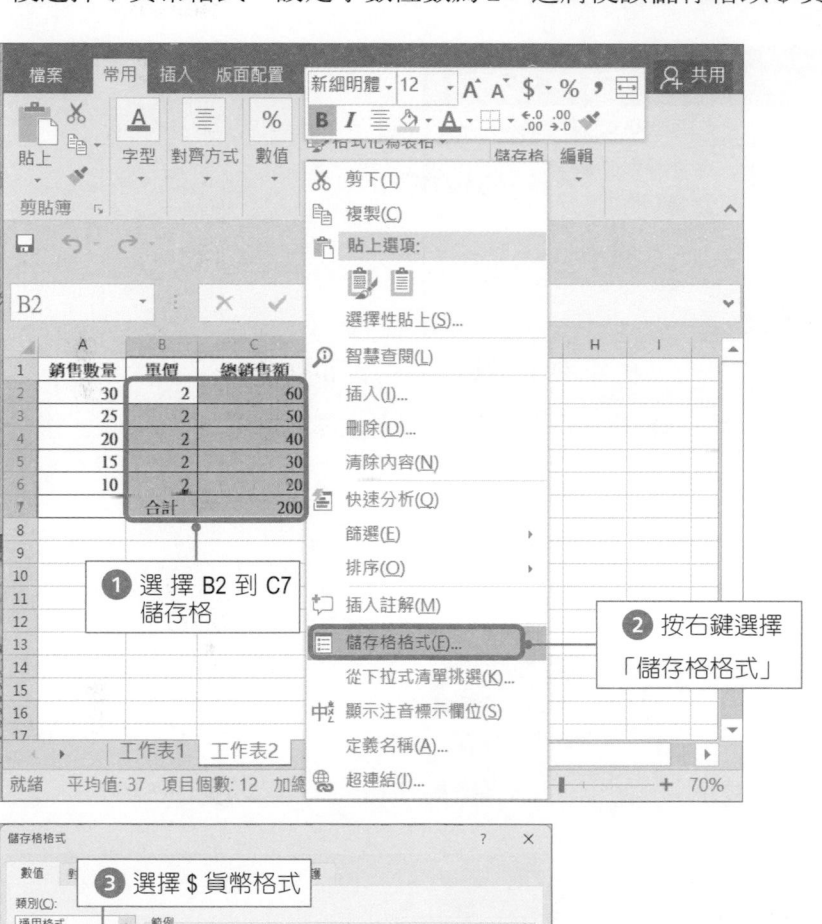

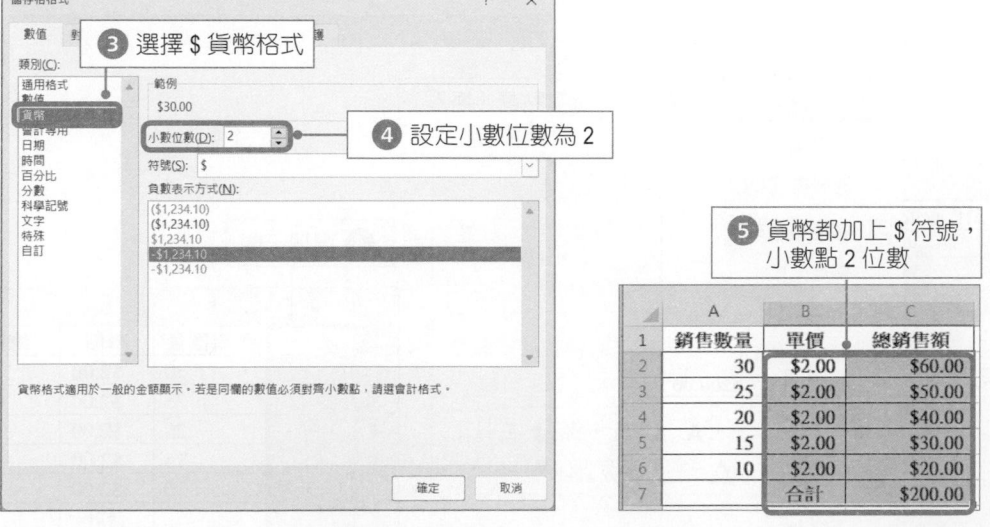

9. 插入欄與列

● **功能介紹**：Excel 可任意插入欄或列，使您的製作的表格更加彈性與完整。

● **案例**：選擇您想要插入新欄的位置，如：「銷售量」，游標移至 A 欄上，則游標會變為向下箭頭「↓」，並選取整欄，在選取範圍內按右鍵點選「插入」後，會在左側新增一欄；插入列的方式同插入欄。

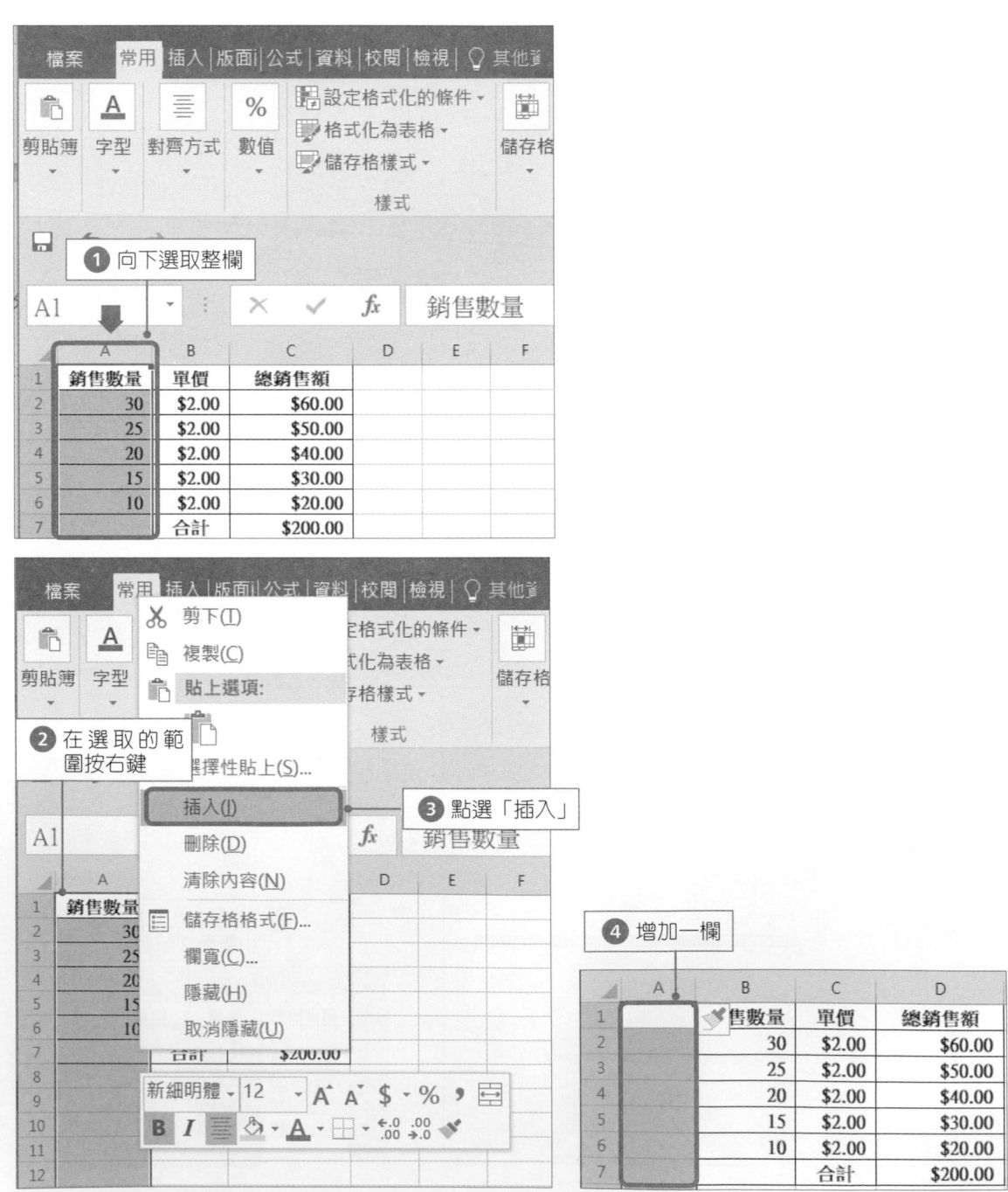

10. **自動填充數列：**

- **功能介紹：**在一個儲存格中輸入開始數字或數列的模式（例如，1、2、3或星期一、星期二等）。

- **案例：**在儲存格 A2、A3 中輸入數字 1、2，之後都是以加 1 的方式呈現。選取儲存格 A2、A3，將游標移到選定的儲存格右下角，游標會變成一個黑色「十」按住左鍵不放，並往下拖曳至 A6，放掉游標左鍵，Excel 將自動填充 1 接著 2 的邏輯，產生 3、4、5 數字。

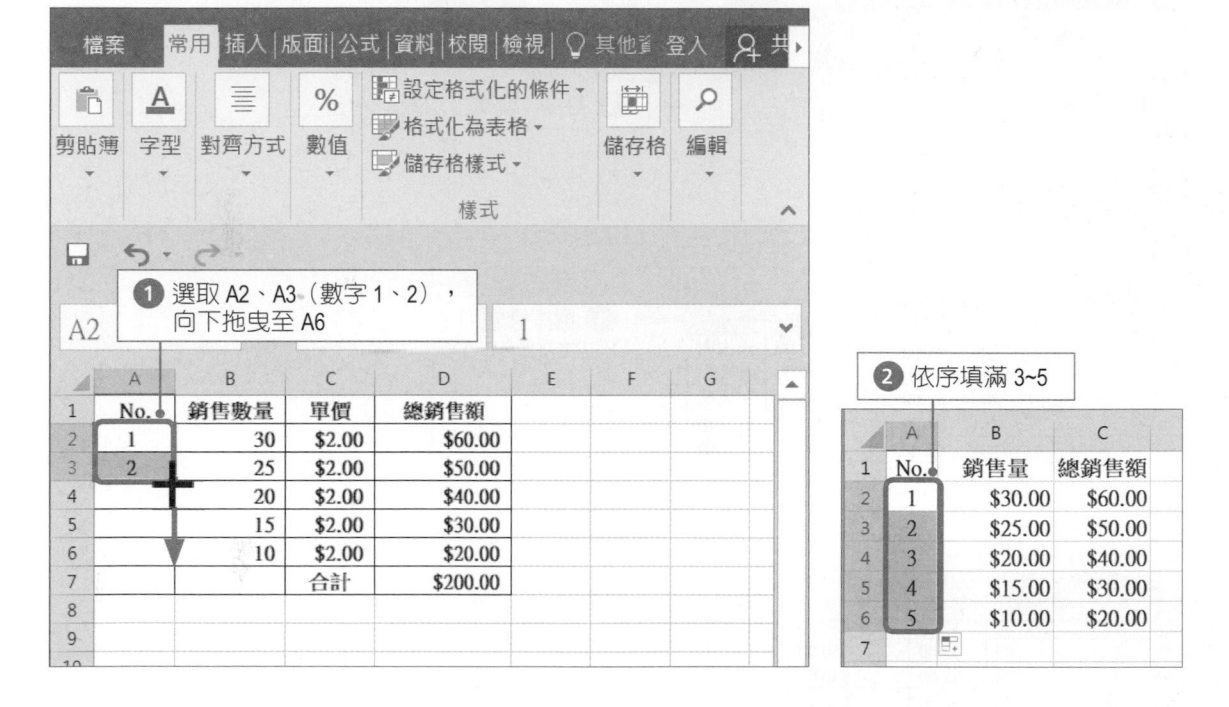

11. **篩選數據：**

● **功能介紹：** Excel 的自動篩選功能允許您根據特定條件過濾數據，以找到您所需的內容。

● **案例：** 請自行輸入標題「業務員」以及人員名稱。點選標題為「業務員」儲存格，點擊【資料】選項中的「篩選」，則出現向下箭頭，點選箭頭勾選「王大明」，則只會出現王大明的所有資料。

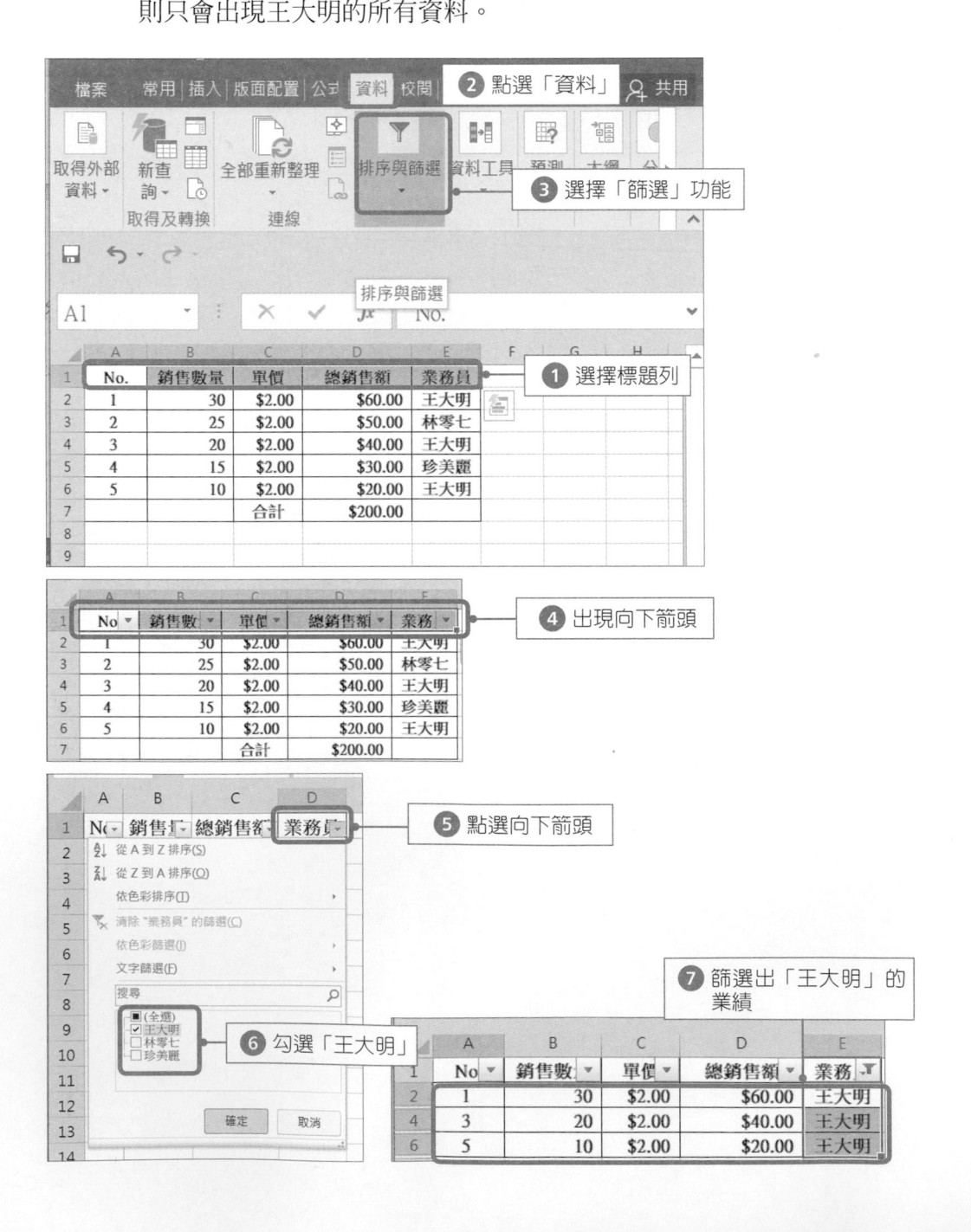

12. 插入圖表：

● 功能介紹：Excel 允許您輕鬆建立各種類型的圖表，視覺化且容易分析數據。

● 案例：分別選取範圍，製作圖表。首先選取「銷售數量」B1 到 B6 的範圍，按住「Ctrl」再連續選取「總銷售額」D1 到 D6，再選取【插入】選項中的「平面長條圖」，將建立一個長條圖，顯示銷售數量的分佈，請修改標題、並加上框線。

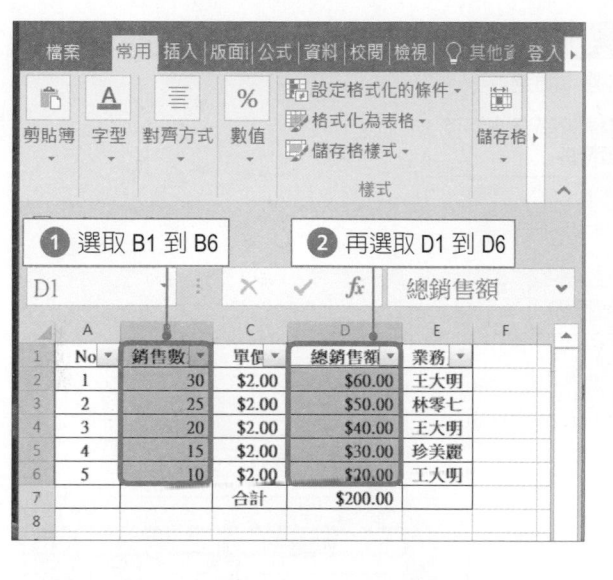

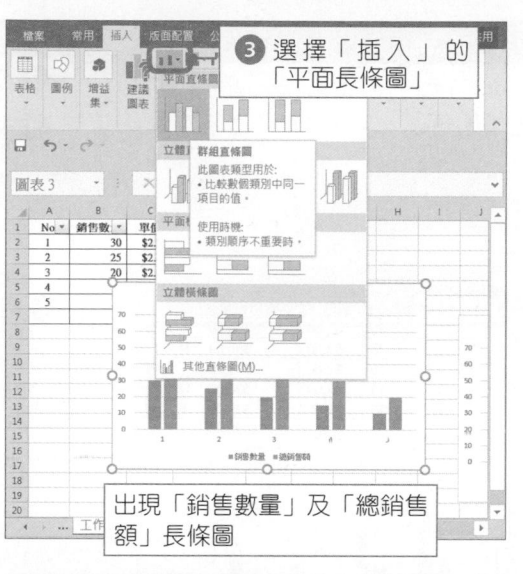

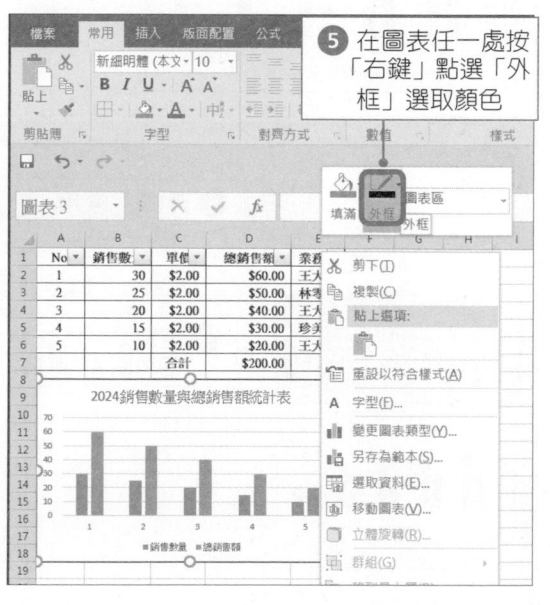

13. **尋找和替換：**

● **功能介紹：**Excel 的取代功能可幫助您快速尋找特定內容，並將其替換為您設定的內容。

● **案例：**先將篩選取消。再點選主選單中的「尋找與選取」，點選「取代」，尋找「銷售數量」，並將其替換為「銷售量」。

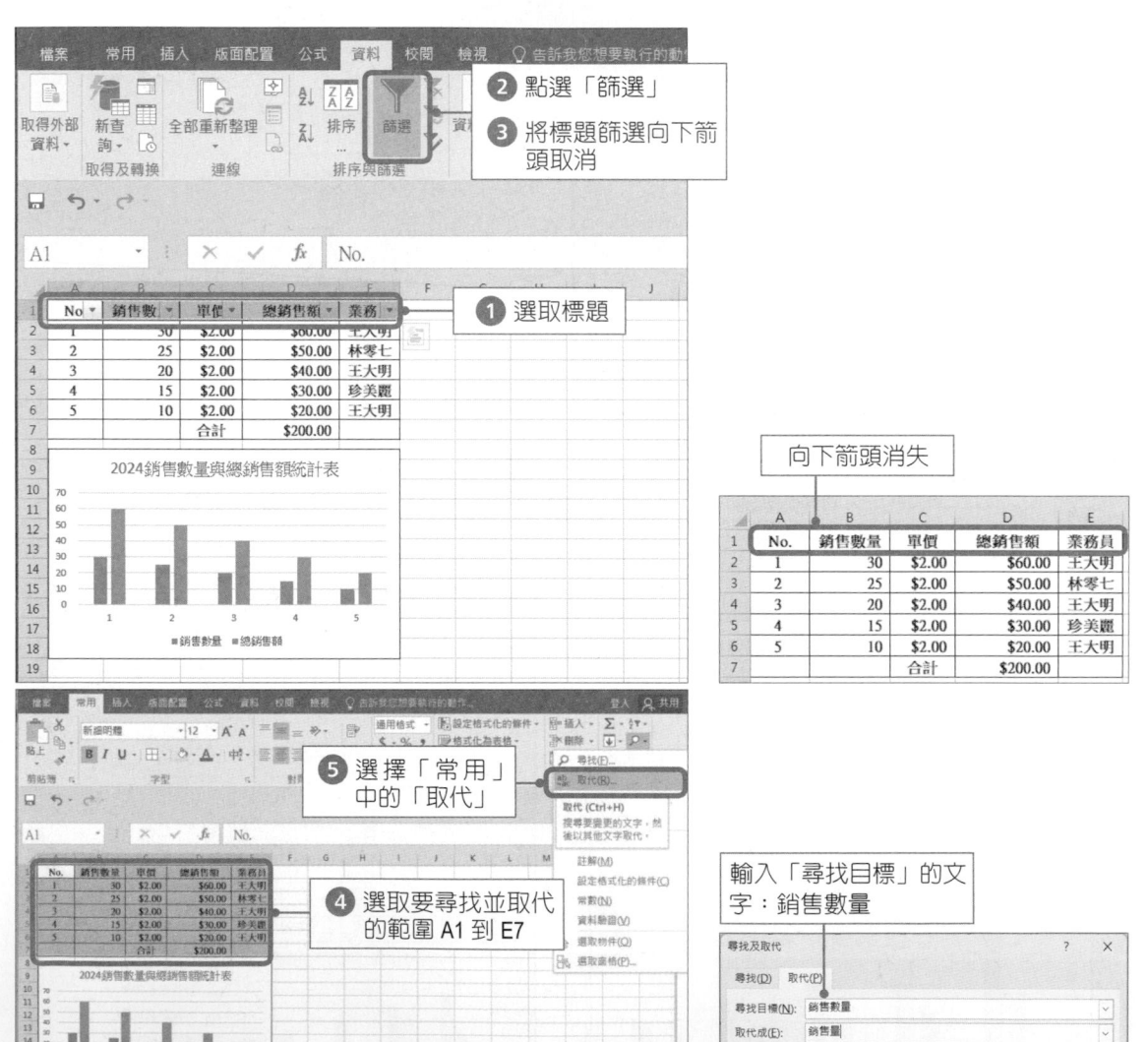

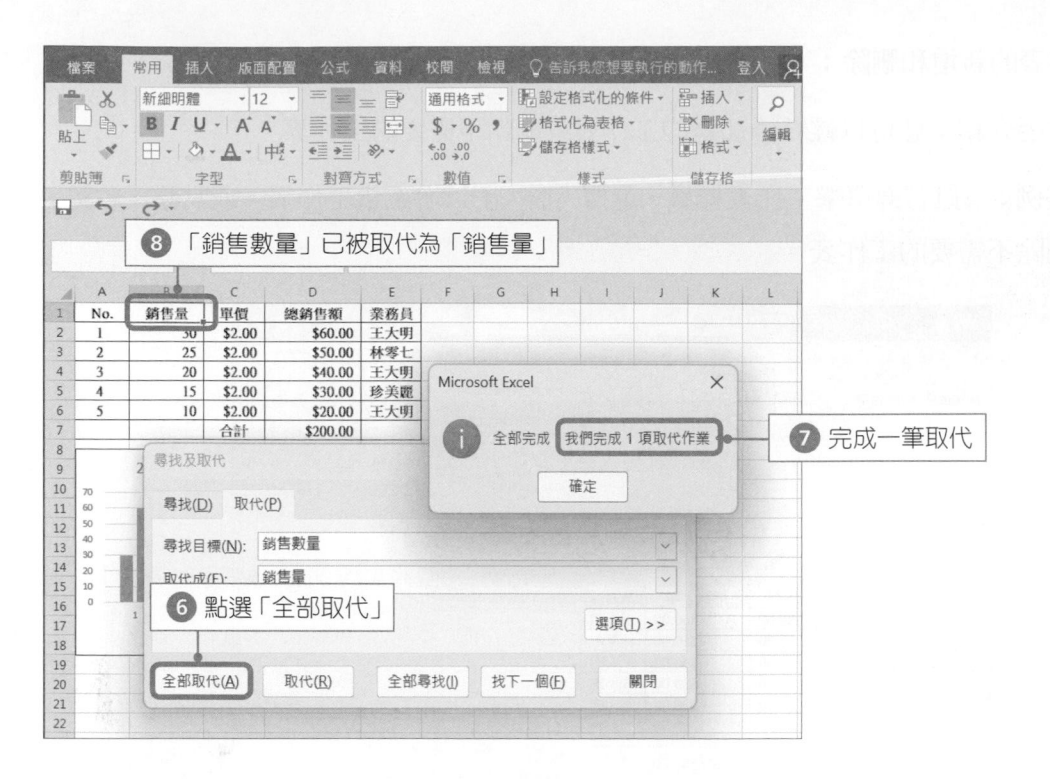

14. **凍結窗格**：

- **功能介紹**：您可以凍結欄或列，當在捲動工作表時，凍結的欄與列會持續停留在標題列，以利比對，這對於大型工作表的操作上非常實用。

- **案例**：選擇要凍結的欄或列，選取「B2 儲存格」，然後點選【檢視】選項中的「凍結窗格」，以確保該欄或列標題在滾動時保持固定。

15. **工作表的新增和刪除：**

● **功能介紹：**您可以輕鬆添加新的工作表或刪除不需要的工作表。

● **案例：**滑鼠右鍵單擊工作表標籤，選擇「插入」以增添新工作表，或點擊「右鍵」刪除不需要的工作表。

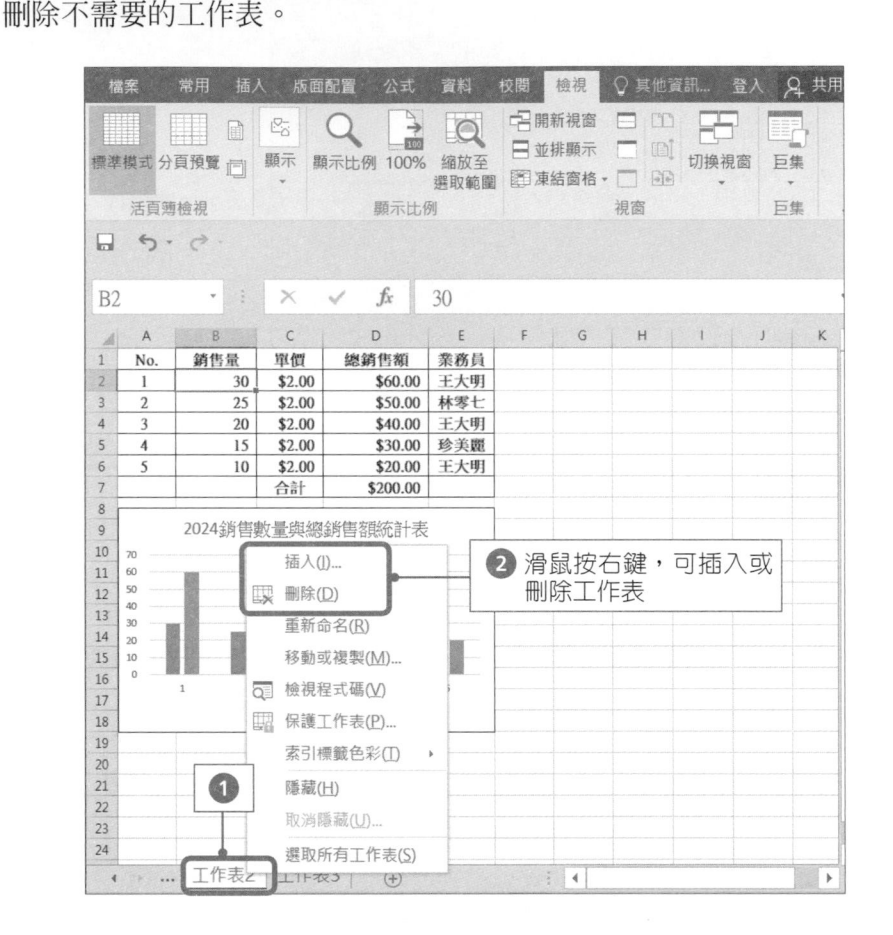

➤➤ 1-3　EXCEL 在統計學上的應用

一、資料的定義和類型

　　資料是於特定事物、事件或屬性的記錄或描述。這些記錄可以是以文字、數字、圖像或其他形式呈現的事實或觀察結果的集合，用於進行分析、理解和作出決策。在統計學中，資料是指收集到的資訊或數據，它能夠提供對特定現象、事件或對象的描述和理解。資料類型（Data Types）是指資料的性質或所屬類別。這可以根據資料值的特定屬性來劃分，可以分為定量資料和定性資料兩種主要類型。

1. **定量資料**（Quantitative Data）：表示數值型資料，能夠進行數學運算和量化分析。例如，溫度、收入、年齡等都是定量資料，這類資料是可以量化和計量的，通常以數字形式呈現。定量資料通常用於進行量化的分析和統計處理，因其可量測性而廣泛應用於研究和商業領域。

   舉例：假設一個公司進行了一項銷售調查，記錄了每個銷售員在一個月內的銷售金額。這些數字資料可以幫助管理層瞭解每位銷售員的表現，進而制定更有效的獎勵策略。

2. **定性資料**（Qualitative Data）：描述資料特徵、屬性或品質，是非數字類型的資料。例如，顏色、地區、婚姻狀態等都是定性資料，與定量資料不同，定性資料通常以描述性詞語或特徵來表示。這種資料通常描述特定的特徵、觀點或屬性，但不能進行數值化的分析。

   舉例：在一項市場調查中，消費者被問及對一種產品的喜好，他們可以回答「喜歡」、「不喜歡」或「中立」。這種描述性的資料提供了有關消費者態度和偏好的資訊。

二、尺度

　　在統計學中這些尺度在統計分析中具有重要意義，因為它們幫助我們理解資料的特性和差異，從而選擇適當的統計方法來處理和分析資料。它是一種衡量和描述變量屬性的方式，它將變量劃分為不同的層次或等級，根據所提供的資料類型和數值特性，常見的尺度包括名目尺度、順序尺度、區間尺度和比例尺度。

1. **名目尺度**（Nominal Scale）：是最基本的尺度，資料按照名稱或類別分組，沒有數值含義。例如，性別、民族、顏色等屬於名目尺度。這種尺度僅用於區分不同的類別或類型，沒有內在的數值排序。

2. **順序尺度**（Ordinal Scale）：不僅能夠區分不同的類別，還能表示順序或等級。儘管它可以表達資料之間的相對大小或排列次序，但無法精確衡量不同類別之間的具體差距。舉例來說，教育程度的高低可以按照「高中以下」、「大學」、「研究生」等分類。

3. **區間尺度**（Interval Scale）：除了能表示順序外，還是一種測量尺度，其中數值表示有序且等距的差異，但沒有絕對的零點。例如今天的溫度是 20°C，明天是 10°C，我們可以說明天的氣溫比今天低 10°C。這裡有一種順序和等距感，但零度並不表示沒有溫度。

4. **比例尺度**（Ratio Scale）：具有區間尺度的所有特性，同時還有一個絕對的零點，是可以進行比例比較的。例如小明的錢包中有 100 元，而小英的錢包中有 50 元，我們可以說小明的錢是小英的兩倍，小明的錢比小英多出 50%。

三、資料的蒐集

資料的蒐集是從不同來源獲取資訊和數據的過程，以支援統計分析和決策制定。這個過程涉及多種方法，其中包括觀察、實驗和調查等。

1. **觀察：**

是指系統性地觀察和記錄事件、行為或情況。這可能涉及現場觀察、檔案的檢閱或多種感官的收集方式。例如，一家零售商可能透過觀察顧客購買行為來瞭解產品偏好。

2. **實驗：**

是一種控制條件來測試假設或探索原因和效應的方法。在實驗中，研究人員操縱某些變數以測試對其他變數的影響。例如，藥物試驗通常使用實驗方法來評估藥物對患者健康的影響。

3. **調查：**

是收集數據的常用方法，透過問卷、訪談或焦點小組等方式收集參與者的意見、看法或經驗。例如，一家公司可能進行市場調查以瞭解消費者對產品的態度和喜好。

　　另外還有許多其他蒐集資料的方法，例如記錄和實地測量。這些方法可以單獨使用或結合使用，以獲得更全面的資料，以進行統計分析和得出有意義的結論。選擇何種方法通常取決於研究的目的、可用資源和資料的類型。

四、樣本和母體

　　樣本和母體在統計學中是相關且重要的概念。母體指的是我們想要瞭解的整體群體，而樣本是來自這個群體的部分子集。在實際進行研究或分析時，往往很難對整個母體進行調查或測量，樣本的大小也是一個重要的考量因素。如果樣本太小，可能無法充分代表母體；反之，如果樣本過大，會增加調查的成本和時間。因此，在決定樣本大小時需要平衡這些因素。因此採樣出一個代表性的樣本成為一個常用的方法。

1. **樣本的選擇**：

   樣本的選擇應該是隨機且具代表性，這樣才能保證結果的可靠性和泛用性。合適的樣本能夠反映出母體的特徵，讓我們可以在對樣本進行統計分析後，推斷出對整個母體的某些性質或特徵。

2. **舉例**：在市場調查中，假設您想瞭解某產品在全國消費者中的受歡迎程度。整個國家的所有消費者就是母體，但是要對每個人進行調查是不太可能的。於是您可能會隨機選取一部分消費者作為樣本，詢問他們對這項產品的喜好。透過對樣本的分析，您可以推斷整個國家消費者對這項產品的整體態度。

五、概率和機率

　　概率和機率在統計學和數學中是核心概念，用於評估事件發生的可能性。概率是事件發生的數量觀念，機率則是指事件發生的相對頻率。

1. **概率**：是指某個事件發生的可能性，通常以 0 到 1 之間的數字表示。0 代表不可能發生，1 代表肯定發生，介於 0 和 1 之間的數字則表示發生的可能性大小。例如，擲一枚公正的硬幣，正面朝上的概率是 0.5，即 50%。

2. **機率**：是指在一系列重複實驗或觀察中，某個事件發生的頻率。當實驗次數越多時，觀察到的機率就越接近真實概率。例如，擲一枚公正硬幣，正面朝上的相對頻率是 50%，當擲的次數增加時，正面朝上的次數將趨近於 50%。

　　概率和機率的應用非常廣泛。在賭博中，機率可用於預測特定結果的發生機率，以制定更明智的賭注。在科學研究中，機率可用於評估某種治療方法的效果。在商業中，機率可以幫助決策者評估市場趨勢和風險，從而制定更好的商業策略。

概率和機率也是統計推論的基礎。透過收集樣本數據並計算事件發生的頻率，我們可以推斷出整個母體的概率分佈。這種推斷有助於我們做出關於未來事件發生機會的預測。總的來說，概率和機率是評估事件發生可能性的重要工具，廣泛應用於科學、工程、商業和日常生活中。它們能幫助我們理解世界中發生事件的可能性，並在做出決策時提供基礎和指導。

六、統計推論

統計推論是統計學中一個重要的分支，主要是透過分析樣本資料來對整個母體的特徵進行推斷。當無法直接觀察或測量整個母體時，統計推論提供了一種從樣本推斷母體特徵的方法。

統計推論的核心概念是從樣本中獲取資訊並將其推廣至整個母體。通常，透過樣本統計量（如平均數、標準差）來估計母體參數（如母體平均數、母體標準差）。例如，如果我們想瞭解某地區全年居民的平均收入，由於無法調查每位居民，所以我們可以從一個代表性樣本的數據中得出估算。

統計推論的方法有點像推斷的藝術。我們運用樣本資料所獲得的結果，以及透過統計工具和技術（如假設檢定、信賴區間）所得的結論，去猜測、預測或推斷整個母體的情況。例如，透過對某種醫藥產品進行實驗，從實驗結果中獲得藥物對整個人群的療效。

統計推論的應用廣泛。它可用於各行各業，如醫學、經濟學、社會學等領域。在醫學中，統計推論有助於評估新藥物的效果，而在商業中，則可用於市場調查和消費者行為預測。總而言之，統計推論讓我們能夠在無法直接觀測全部母體的情況下，透過樣本資料來做出推斷，進而獲得對整個母體的洞察和理解。

七、假設檢定與信賴區間

假設檢定和信賴區間是統計學中重要的推論技術，用於評估統計結果的可靠性和準確性。

1. **假設檢定**：是一種統計方法，旨在根據樣本資料對假設進行檢驗。它包括兩個假設：零假設（H0）和對立假設（H1）。透過收集樣本資料並計算統計量，我們評估是否有足夠的證據來拒絕零假設，並支持對立假設。例如，一家公司聲稱其新廣告方案提高了銷售量。假設檢定可以用來評估這一主張，並確定是否有足夠的證據支持這項宣稱。

2. **信賴區間**：是用來估計母體參數的範圍，表示我們對參數估計值的信心程度。例如，我們透過樣本計算出的平均收入是 1,000 美元，並計算出信賴區間為（900, 1100）。這意味著我們有 95% 的信心認為，整個母體的平均收入落在這個區間內。

假設檢定和信賴區間互為補充，共同協助我們更深入理解統計分析結果的可靠性。假設檢定提供了一個框架來評估假設是否成立，而信賴區間則提供了估計結果的範圍，反映了估計值的不確定性。這些統計技術在科學研究、商業決策以及社會科學中都有廣泛應用。透過假設檢定和信賴區間，我們能夠更準確地進行推論，並做出有根據的決策。

八、統計圖表和圖形

統計圖表和圖形在統計學中扮演著重要的角色，它們以視覺化的方式呈現資料，使我們能夠更直觀地理解數據的分佈、趨勢和關聯性。

1. **直條圖**：是一種常見的統計圖表，用來展示資料的分佈情況。例如，一家零售商可以使用直條圖來呈現不同產品在不同季別的銷售數量，來瞭解銷售狀況及方針的調整。

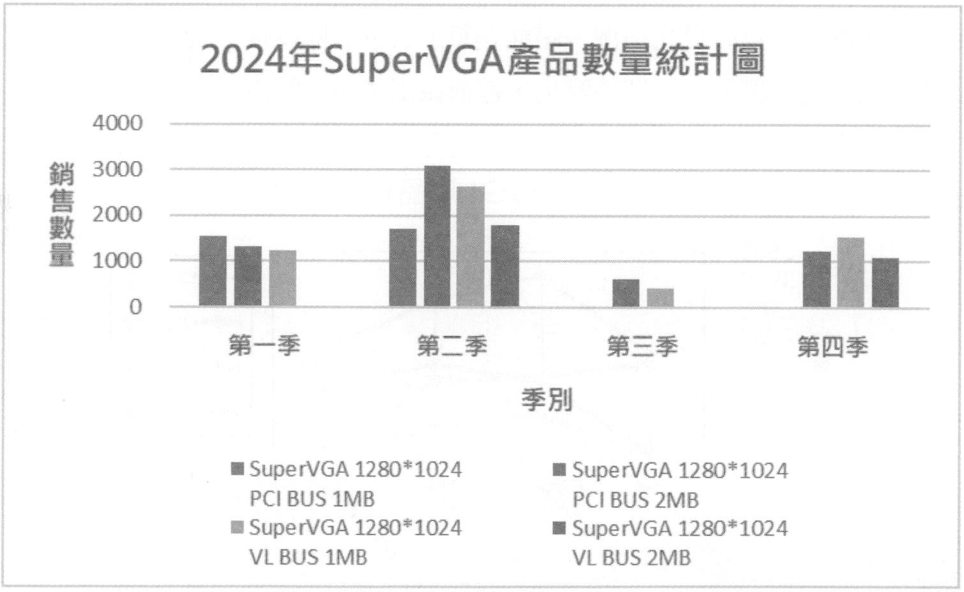

圖 1-1　直條圖

2. **散佈圖**：用於顯示兩個變數之間的關係，每個點代表一個觀察值。例如，在市場研究中，一家公司可以使用散佈圖來呈現不同產品在每一季別銷售狀況之間的關係，從而評估是否做策略調整。

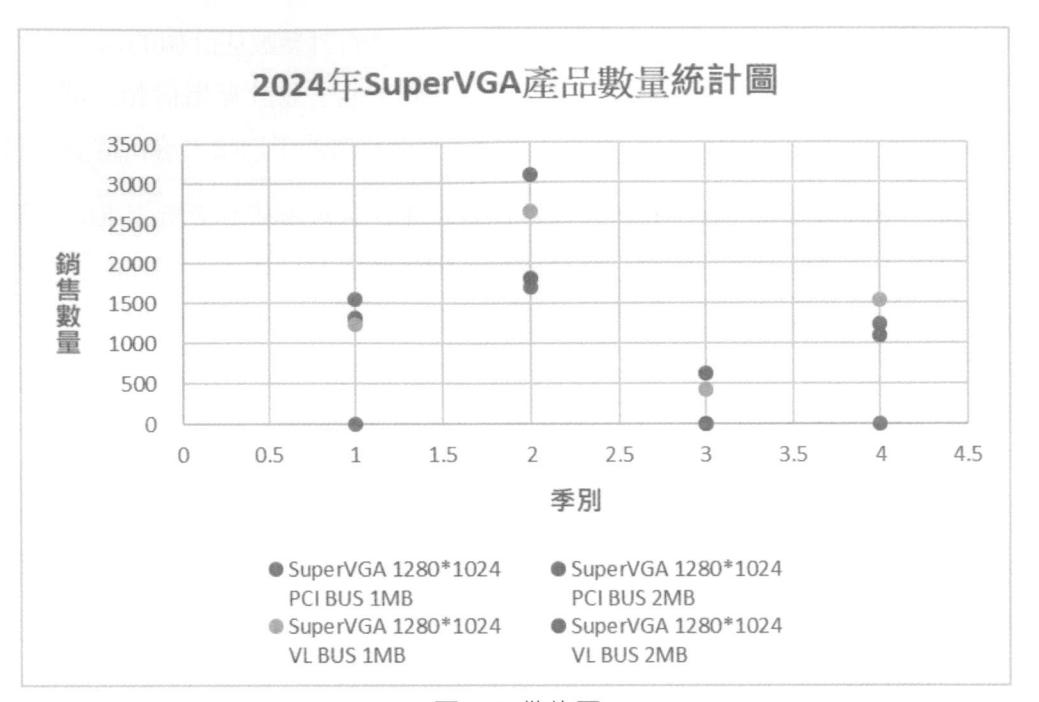

圖 1-2　散佈圖

3. **折線圖**：用於顯示資料隨時間變化的趨勢。例如，一家製造公司可以使用折線圖顯示每個季別生產量的變化情況。這能夠幫助管理者隨時間的變化了解生產效率，以及發現生產上的趨勢或周期性變化，進而做出策略性的調整和規劃。

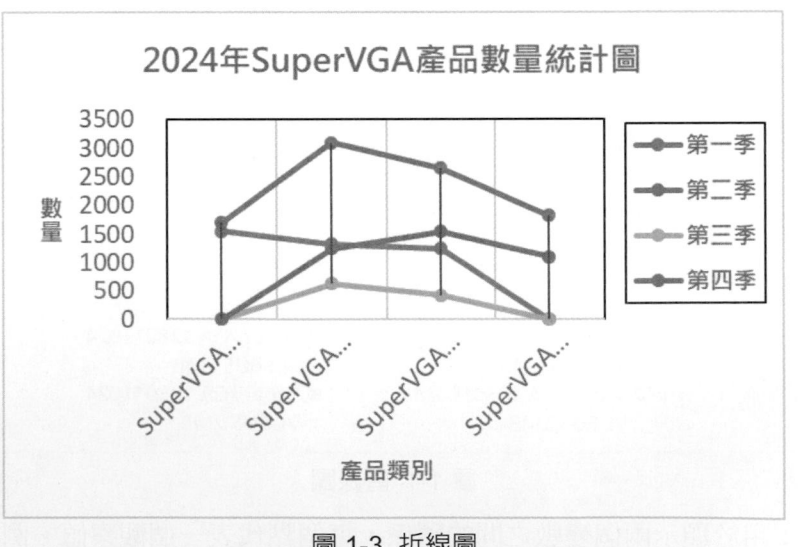

圖 1-3　折線圖

　　這些圖表和圖形有助於探索資料、發現趨勢以及比較分析。透過視覺化資料，我們可以更輕鬆地理解資料的特徵和變化，從而做出更具意義的統計推論和決策。在統計分析中，選擇合適的圖表和圖形對於組織的決策者很重要，因為它們能夠有效地傳達資料資訊，幫助我們更全面地理解數據的本質。

九、相關性與迴歸分析

相關性和迴歸分析是統計學中常用的方法，用於評估變數之間的關係和建立預測模型。

1. **相關性**：衡量了兩個或多個變數之間的相互關聯程度。當一個變數的變化伴隨著另一個變數的變化時，這兩個變數就被認為是相關的。相關性通常用相關係數來衡量，其值介於 -1 到 1 之間。例如，一個市場研究人員可能希望瞭解廣告投入和銷售額之間的相關性，以此來評估廣告對銷售的影響。

2. **迴歸分析**：是用於預測一個變數如何受其他變數影響的統計方法。它試圖建立一個數學模型來描述變數之間的關係。例如，一個經濟學家可能使用迴歸分析來探討利率變動對房地產價格的影響，並擬定房地產市場的預測模型。

這些方法不僅有助於理解變數之間的關係，還能用於預測和控制未來的結果。透過相關性分析，我們能夠確定變數之間的關聯性強度，而迴歸分析則提供了一種方式來量化這種關係並進行預測。這些工具的正確應用可以幫助決策者更好地理解變數之間的連接，從而做出更明智的決策和策略。

十、樣本大小和抽樣方法

樣本大小和抽樣方法對統計學中的操作者而言，是必須釐清的概念，以確保統計分析的可靠性和代表性。

1. **樣本大小**：指的是用於統計分析的資料量。它直接影響到統計分析的準確性和結果的可信度。樣本大小的選擇需要考慮到多方面因素，包括研究目的、預期效應大小、預算、時間和可行性。例如，在一項市場調查中，如果想要獲得準確的消費者反饋，樣本大小的選擇就至關重要，因為太小的樣本可能導致結果不夠可靠，而過大的樣本可能會增加成本和時間。

2. **抽樣方法**：是從母體中選取樣本的方式。常見的抽樣方法包括隨機抽樣、系統抽樣、分層抽樣和方便抽樣等。適當的抽樣方法取決於研究的目的、母體特徵以及可用的資源。例如，一個調查公司在進行一項市場調查時可能會採用隨機抽樣，以確保樣本具有代表性，並且每個樣本有相等的機會被選中。

　　樣本大小和抽樣方法的選擇直接影響到研究結果的可靠性和推廣性。透過適當地設計樣本大小和採用合適的抽樣方法，可以最大程度地提高研究的準確性和可信度。

十一、常用統計學專有名詞

　　當討論統計學時，以下是一些常用專有名詞的詳細說明以及相應範例：

1. **平均數（Mean）**：是一組數據的算術平均值。例如，如果有一組數字：10、15、20、25、30，平均數為 (10+15+20+25+30)/5=20。

2. **中位數（Median）**：是數據集中值的中心位置。例如，在數據集 5,6,7,12,15,20,25,30,40,45,50 中，中位數是 20。

3. **眾數（Mode）**：是數據集中出現次數最多的值。例如，在數據集 5,10,10,15,20,20,20,25,30,10,10,15,20,20,20,25,30 的眾數是 20。

4. **標準差（Standard Deviation）**：衡量數據集中數據點與平均值的平均差異。若一組數字分佈較緊密，其標準差較小；若分佈較分散，則標準差較大。

5. **變異數（Variance）**：是標準差的平方。它表示數據集中所有數據點與平均值之間的平均差異。

6. **百分位數（Percentile）**：是用來衡量數據的分佈情況，反映了數據集中某個特定百分比的位置值。例如，若一組分數的第 75 百分位數是 85，表示 75% 的數據小於或等於 85，而 25% 的數據大於 85。

7. **常態分佈（Normal Distribution）**：是一種對稱的鐘形曲線分佈，大部分數據集中在平均值附近。

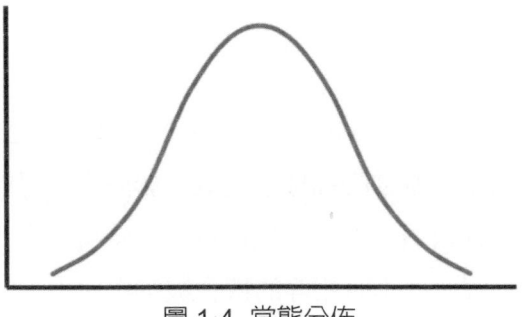

圖 1-4　常態分佈

8. **偏態分佈（Skewness）**：用於描述數據分佈的不對稱性。若數據分佈向左偏，則偏態為負偏態；若向右偏，則為正偏態。

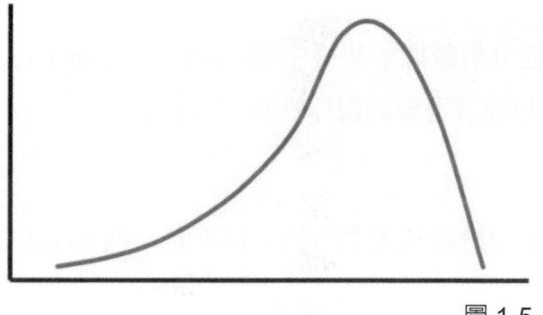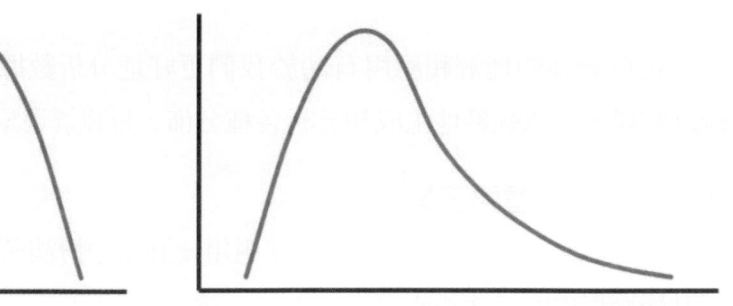

圖 1-5 偏態分佈

9. **峰度（Kurtosis）**：是指衡量實數隨機變數機率分佈的尖銳程度或平坦程度。峰度高就表示變異數增大，是由低頻度的大於或小於平均值的極端差值引起的。

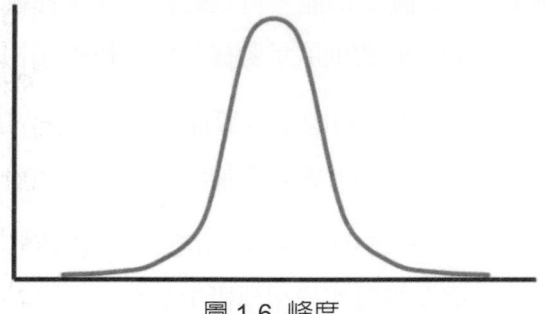

圖 1-6 峰度

這些專有名詞幫助我們理解數據的統計特徵，從而更好地進行數據分析並得出有意義的結論。

十二、分佈與其應用

在統計學中，分佈是描述數據值出現的頻率或概率的方式。各種分佈可以幫助我們理解數據集的模式和特徵。常見的分佈包括常態分佈、均勻分佈、卜瓦松分佈等。

1. **常態分佈（Normal distribution）**：是最常見的分佈之一，其特點是對稱分佈，大多數數據集都遵循著這種分佈，例如人的身高或體重。這種分佈的應用非常廣泛，從自然科學到社會科學，幾乎都可以看到。例如，市場研究可以使用常態分佈模型來預測產品銷量。

2. **均勻分佈（Uniform Distribution）**：指的是所有數值發生的概率均等。例如擲骰子，每一個數字出現的機率都是相同的。均勻分佈在隨機抽樣和模擬方面有廣泛的應用，例如在賭博或金融領域中。

3. **卜瓦松分佈（Poisson distribution）**：用於描述在固定時間內事件發生的次數，例如在一段時間內接到的電話數量。它的應用包括客戶服務中心的來電量預測或交通管理中的車流量預測。

這些分佈的理解和應用有助於我們更好地分析數據，並從中得出結論。透過 Excel 統計軟體，可以輕鬆地生成和分析各種分佈，以瞭解現象的規律性和可能性。

十三、統計軟體與工具

Excel 是一個強大的工具，它在應用統計學中扮演著重要角色。以下是一些 Excel 在統計學應用中的功能和應用場景：

1. **數據輸入和整理**：Excel 提供了強大的表格功能，可用於數據輸入、整理和儲存。這在統計分析中至關重要，因爲數據的品質對結果具有重大影響。

2. **數據視覺化**：透過 Excel 的圖表功能，可以輕鬆製作各種統計圖表，如直條圖、折線圖、散佈圖等。這有助於直觀地展示數據分佈、趨勢和相關性。

3. **描述性統計**：Excel 提供了各種函數來計算描述性統計量，如平均數、中位數、標準差、眾數等。這些統計量有助於瞭解數據的中心趨勢和變異性。

4. **概率分佈和隨機數生成**：Excel 中的函數可用於生成各種概率分佈的隨機數，如常態分佈、均勻分佈等。這在模擬和模型建構中很有用。

5. **假設檢定**：Excel 提供了假設檢定相關的函數和工具，可用於計算 t 檢定、卡方檢定、ANOVA 等。這有助於檢驗假設並得出結論。

6. **迴歸分析**：Excel 的迴歸分析工具可用於簡單線性迴歸和多元迴歸分析。這有助於研究變數之間的相關性和預測。

舉例來說，假設您想要分析一份銷售數據表，可以使用 Excel 的函數計算平均銷售額、製作銷售趨勢圖表（折線圖或長條圖），進行相關性分析，瞭解不同產品銷售之間的關聯性。

另一個例子是，假設您需要進行一個實驗，計算實驗數據的平均值和標準差，然後使用 Excel 的 t 檢定函數來檢驗兩組實驗結果之間是否存在統計上的顯著差異。

這些僅僅是 Excel 在統計學中應用的一部分，它的功能和應用範圍非常廣泛。

十四、統計學在不同領域的應用

統計學是一門研究如何收集、分析、解釋和呈現數據的學科，其應用範疇涵蓋廣泛，從商業到醫學、從科學研究到政策制定，無所不在。它主要透過數據和數量分析，以理解和解釋各種現象，對於做出有根據的決策至關重要。

商業領域，統計學可用於市場調查、消費者行為分析和銷售預測。例如，透過統計分析銷售數據，企業可以識別產品最暢銷的地區、最受歡迎的特徵，進而優化產品定位和行銷策略。

在醫學領域，統計學應用於臨床研究和流行病學。統計分析可以幫助醫生評估治療方法的有效性、疾病的風險因素，甚至是人口健康狀況的趨勢。例如，透過統計學方法分析大量醫療數據，可以確定特定治療方案的成功率，或者預測某種疾病的傳播趨勢。

在科學研究中，統計學是推動實驗設計、數據分析和研究結果的解釋的重要工具。科學家們利用統計方法來驗證假設、檢驗理論和研究變數之間的關係。例如，物理學家利用統計學來分析粒子加速器中的實驗數據，以確定基本粒子的性質。

政策制定也是統計學的重要應用領域。政府和非政府組織使用統計數據來評估社會狀況、預測經濟趨勢、分配資源並制定政策。例如，政府可能利用就業統計來評估失業率，並相應地調整政策來改善就業狀況。

統計學是一門強大的學問，透過 Excel 等軟體不僅能幫助我們理解數據的意義和關聯，還能提供有力的支援，促進決策的準確性和有效性。在各個領域中，統計學都扮演著不可或缺的角色，幫助我們更精準地洞察整個世界，做出更明智、更有根據的決策。

≫ 1-4　案例分享

學習以上內容的概念後，以「蘋果公司」作為案例，蘋果公司透過數據蒐集與分析可以更準確地預測未來市場的發展趨勢，並以此作為產品研發及行銷策略的參考基礎，以提高產品上市的成功機率、精準地找到客群、精準地掌握消費者需求，並且精準地搶佔市場佔有率。

1. **數據收集：**

蘋果公司在數據蒐集方面展現出高效能力。他們透過全球銷售數據、用戶調查和市場趨勢分析，獲取了豐富多樣的資訊。這些數據包括各式產品的銷售數量、定價策略、地區分佈以及用戶偏好等。例如，他們可以根據不同地區對不同產品的偏好，來定義不同的市場區隔，並洞悉消費者的需求。

另外，蒐集到的用戶調查資料涵蓋了對產品功能的偏好和期望，這對未來產品功能的設計提供了重要的參考，市場趨勢分析則提供了市場定價和市場行銷策略的重要資訊。這些數據是蘋果公司決策的關鍵依據，有助於確定產品線的發展方向，並提供深入瞭解用戶需求的能力，以打造更具市場競爭力的手機產品。

圖 1-7　蘋果公司展現出高效的數據蒐集能力

2. **市場趨勢分析：**

利用統計學方法，對過去的數據進行分析，進而比對及預測未來的趨勢，可準確掌握市場需求及預期成效。如下蒐集了蘋果公司過去十年的年營收及年增率，進行圖表分析。2012 年營收為 1566.5 億美元、2013 年營收為 1709.6 億美元、2014 年營收為 1827.3 億美元、2015 年營收為 2337.4 億美元、2016 年營收為 2156.9 億美元、2017 年營收為 2292.3 億美元、2018 年營收為 2655.4 億美元、2019 年營收為 2601.1 億美元、2020 年營收為 2745.2 億美元、2021 年營收為 3943.5 億美元；依據上述數據計算出這十年間的年增率，如下：

- 2013 年的年增率：$[(1709.6 - 1566.5) / 1566.5] \times 100 \approx 9.15\%$

- 2014 年的年增率：$[(1827.3 - 1709.6) / 1709.6] \times 100 \approx 6.88\%$

- 2015 年的年增率：$[(2337.4 - 1827.3) / 1827.3] \times 100 \approx 27.87\%$

- 2016 年的年增率：$[(2156.9 - 2337.4) / 2337.4] \times 100 \approx -7.70\%$

- 2017 年的年增率：$[(2292.3 - 2156.9) / 2156.9] \times 100 \approx 6.28\%$

- 2018 年的年增率：$[(2655.4 - 2292.3) / 2292.3] \times 100 \approx 15.84\%$

- 2019 年的年增率：$[(2601.1 - 2655.4) / 2655.4] \times 100 \approx -2.04\%$

- 2020 年的年增率：$[(2745.2 - 2601.1) / 2601.1] \times 100 \approx 5.52\%$

- 2021 年的年增率：$[(3943.5 - 2745.2) / 2745.2] \times 100 \approx 43.73\%$

透過蒐集蘋果公司過去十年的年營收及年增率繪製出趨勢圖，視覺化地掌握資訊，更有利於做出精準且正確的決策，如下圖：

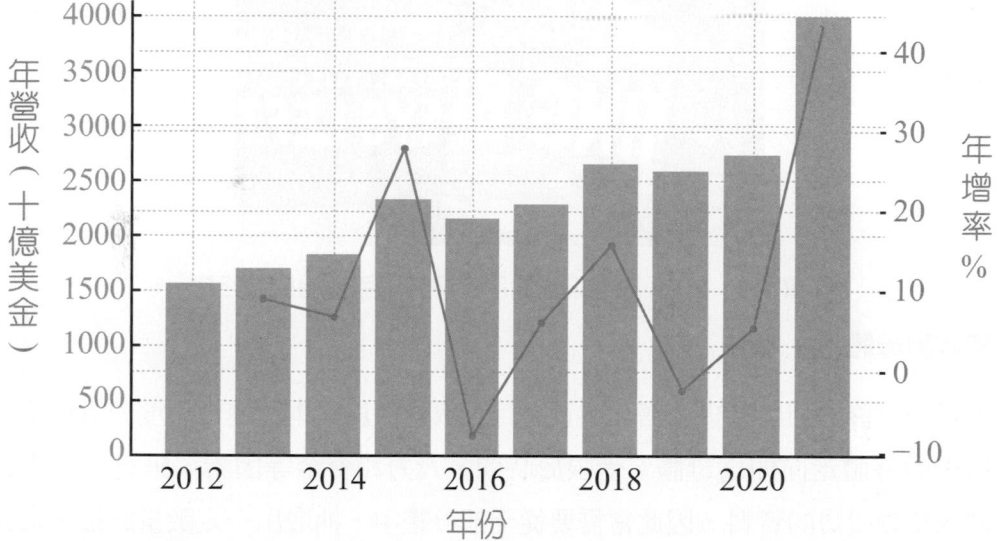

圖 1-8　蘋果公司年營收及年增率趨勢圖（2012~2021 年）

3. **市場預測：**

市場預測是基於資料和趨勢來預測未來市場行為和需求的過程，採用概率與機率概念，基於過去數據，利用迴歸分析等統計方法，建立預測模型。預測未來幾年消費者對不同價格區間的需求、新功能對銷量的影響等。蘋果公司不斷透過市場預測來修正產品發展和市場策略，瞭解消費者對新產品的需求和偏好，例如，當蘋果公司計劃推出新款 iPhone 時，他們會分析過去產品銷售的趨勢、顧客反饋和市場調查，以確定

新功能、價格點和特色。同時，市場預測還可用來調整產品庫存和生產計劃，透過預測需求，可以避免生產過多或過少的產品，從而最大程度地滿足市場需求，同時降低存貨成本和庫存風險。

例如，蘋果公司可能利用市場預測來決定新款 iPhone 的產品數量。如果市場預測顯示某種特定型號的需求將會很高，蘋果公司可能會增加這個型號的生產量，以滿足預期的需求。這種方法有助於他們在推出時擁有足夠的存貨，避免產品短缺或損失銷售機會的風險。蘋果公司利用市場預測來引導其產品策略、生產計劃和市場行銷策略，以確保產品符合消費者需求，並在競爭激烈的科技市場中取得成功。

圖 1-9　2024 蘋果公司利用市場預測引導組織策略圖

4. 樣本與母體：

蘋果公司善於利用歷史銷售和消費者行為數據作為樣本，進行深度分析以預測手機市場的整體走向即為母體。受限於時間、人力和資金等因素，研究者無法調查母體內整體成員的資料，因此常需要從全部母體中，抽取出一定數量的樣本來獲取資料，並確保其所獲得的資料具有代表性，代表所欲研究的整個母體，這個過程即為「抽樣」。

在市場調查與策略制定的過程中，理解樣本資料與母體實際情況之間的結構對於蘋果公司來說至關重要。母體（Populations）指的是整個手機市場的全部數據集合，而樣本（Samples）是指從整體手機市場中抽取具代表性的數據集，用以揭示整個全球市場運行的廣泛模式和趨勢。抽樣架構（Sampling Frame）是指為了要從母體

中抽取樣本的名冊。蘋果公司透過精確的方法蒐集來自特殊區域和特定消費者群體的樣本數據，如消費者調查或銷售分析，從而獲得對市場動態的即時反饋和全面理解，可做為公司的市場定位和戰略規劃提供堅實的數據基礎。

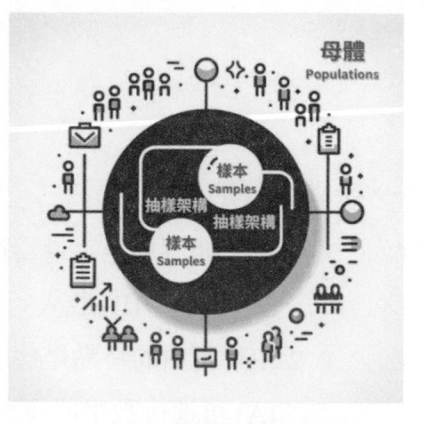

5. **假設檢定與信賴區間：**

在市場預測中，進行假設檢定以評估預測模型的準確性，同時計算信賴區間以評估預測值的可信度。

圖 1-10　母體與樣本抽樣架構圖

假設檢定與信賴區間在蘋果公司的市場規劃中發揮著重要作用。假設檢定通常用於評估某個假設是否成立，例如，蘋果公司可能有一假設，認為新增功能將提升新手機的銷售量，公司可以透過檢定歷史數據，評估這個假設是否可信，以此來判斷是否應該開發這一個新功能；另一方面，信賴區間則用於衡量統計估計的準確性。假設蘋果公司根據樣本推論新手機功能的市場需求，通過信賴區間，他們可以瞭解到預估值的可信程度，例如，可以說新功能預期的需求調查數字是在 95% 的信心水準，則該調查具有高的可信度。這些方法有助於蘋果公司評估產品特徵或策略是否具有統計上的顯著性和可靠性，從而為其市場策略和產品設計提供科學依據。

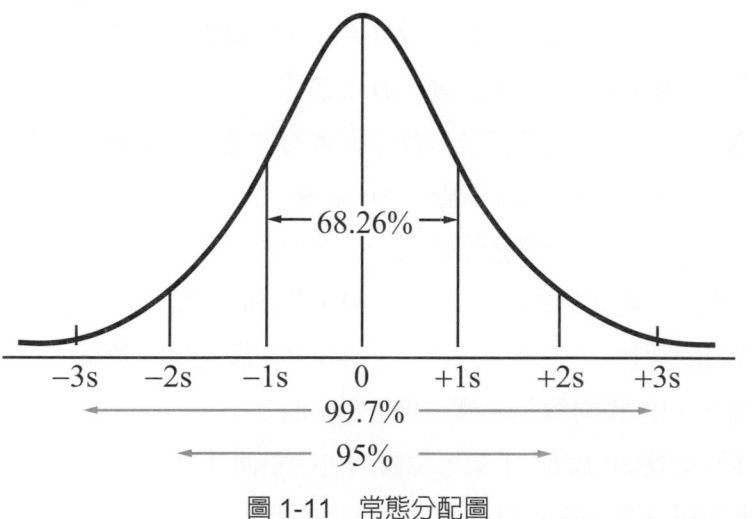

圖 1-11　常態分配圖

本章習題

一、選擇題

( ) 1. 以下哪個不是定量資料的例子？

　　(A) 溫度　(B) 收入　(C) 國家名稱　(D) 年齡。

( ) 2. 定性資料的特點是什麼？

　　(A) 可進行數學運算和量化分析　　(B) 以文字或描述性詞語表示

　　(C) 是數值型的資料　　　　　　　(D) 僅描述特定的品質或特徵。

( ) 3. 以下哪種資料可以用於量化的分析和統計處理？

　　(A) 顏色　(B) 國家名稱　(C) 年齡　(D) 喜好程度。

( ) 4. 哪種尺度可以表示資料之間的精確差距，但缺乏絕對零點？

　　(A) 名目尺度　(B) 順序尺度　(C) 區間尺度　(D) 比例尺度。

( ) 5. 教育程度的分類「高中以下」、「大學」、「研究生」屬於哪種尺度？

　　(A) 名目尺度　(B) 順序尺度　(C) 區間尺度　(D) 比例尺度。

( ) 6. 比例尺度與其他尺度的主要區別在於什麼？

　　(A) 能否表示順序　　　　　　(B) 能否表示精確差距

　　(C) 是否有絕對零點　　　　　(D) 能否表示數值特性。

( ) 7. 以下哪種方法是用來測試假設或探索原因和效應的方式？

　　(A) 觀察　(B) 調查　(C) 實驗　(D) 記錄。

( ) 8. 資料蒐集中，何種方法涉及收集參與者的意見、看法或經驗？

　　(A) 觀察　(B) 實驗　(C) 調查　(D) 記錄。

( ) 9. 資料的蒐集方法的選擇通常取決於以下哪些因素？

　　(A) 研究的主題和目的　　　　(B) 研究的地點

　　(C) 資料的數量　　　　　　　(D) 可用調查員的數量。

( ) 10. 關於樣本和母體的敘述，哪一項是正確的？

　　(A) 樣本是整個母體的子集，母體則包括整個樣本

　　(B) 樣本和母體在統計學中是相互排斥的概念

　　(C) 樣本是母體的一個小部分，用於代表母體特徵

　　(D) 樣本和母體是相同的，只是不同名稱而已。

( ) 11. 爲何在統計分析中，選擇合適的樣本是至關重要的？

(A) 因爲樣本比母體更具代表性

(B) 因爲樣本大小越大，結果越準確

(C) 因爲合適的樣本能夠反映出母體的特徵

(D) 因爲母體通常比樣本小。

( ) 12. 樣本的隨機性和代表性對於統計分析的影響是？

(A) 只對樣本本身有影響

(B) 影響統計分析的準確性和結果的可靠性

(C) 並不會影響統計分析的結果

(D) 隨機性比代表性更重要。

( ) 13. 概率和機率的區別在於：

(A) 機率是事件發生的可能性，概率是事件發生的相對頻率

(B) 機率和概率是同義詞，可互換使用

(C) 機率是從樣本推斷母體的工具，概率是指事件發生的絕對頻率

(D) 機率是從母體推斷樣本的工具，概率是指事件發生的相對頻率。

( ) 14. 下列哪個項目不是機率和概率的應用場景？

(A) 科學研究　　　　　　　　(B) 商業策略制定

(C) 紀測自然現象的結果　　　　(D) 文學作品的詮釋。

( ) 15. 以下哪項描述最準確地表達機率和概率之間的關係？

(A) 機率是從樣本推斷母體的工具，概率是指事件發生的絕對頻率

(B) 機率和概率在統計中沒有實際應用

(C) 機率是絕對的，而概率是相對的

(D) 機率是指事件發生的相對頻率，概率是事件發生的可能性。

( ) 16. 統計推論的主要目的是什麼？

(A) 分析整個母體的特徵　　　(B) 推斷樣本的特徵

(C) 瞭解統計工具的使用方式　(D) 測量平均數和標準差。

( ) 17. 以下哪項是統計推論的核心概念？

(A) 從樣本推廣至整個母體　　(B) 從母體推廣至樣本

(C) 從樣本估計至母體　　　　(D) 從母體估計至樣本。

（　　）18.統計推論的應用範圍不包括：

(A) 醫學　(B) 經濟學　(C) 物理學　(D) 社會學。

（　　）19.假設檢定的主要目的是：

(A) 計算母體參數的範圍　　　(B) 根據樣本資料評估假設的成立

(C) 描述母體資料的分佈　　　(D) 以上皆是。

（　　）20.下列哪一項最好描述信賴區間：

(A) 提供評估結果的範圍　　　(B) 給出樣本平均值

(C) 表示資料的相關性　　　　(D) 以上皆是。

（　　）21.信賴區間的意義在於：

(A) 提供估計值的範圍，以反映估計的不確定性

(B) 決定樣本的大小

(C) 測試兩個樣本之間的差異

(D) 以上皆是。

（　　）22.散佈圖用於呈現：

(A) 資料的分佈情況　　　　　(B) 一個變數的分佈

(C) 兩個變數之間的關係　　　(D) 資料的離散程度。

（　　）23.直條圖主要用來展示：

(A) 資料的中位數和平均值　　(B) 資料的四分位數和離群值

(C) 資料的分佈情況　　　　　(D) 資料的相對大小

（　　）24.折線圖可顯示：

(A) 資料隨時間變化的趨勢　　(B) 資料的離散程度

(C) 資料的中位數和平均值　　(D) 資料的相對大小。

（　　）25.相關係數的值範圍是多少？

(A) 0 到 10　(B) -1 到 1　(C) -100 到 100　(D) 1 到 1000。

（　　）26.迴歸分析主要用於：

(A) 衡量變數間相互關聯程度　(B) 預測一個變數受其他變數影響

(C) 建立相關係數模型　　　　(D) 量化統計樣本的差異。

（　　）27.如果兩個變數的相關係數為 -0.9，這表示：

(A) 完全沒有相關性　(B) 強正相關　(C) 強負相關　(D) 中度正相關。

(　) 28. 下列哪項描述了「樣本大小」的概念？

(A) 用於統計分析的資料量　　　(B) 母體中全部的資料

(C) 選擇樣本的方式　　　　　　(D) 資料的種類。

(　) 29. 哪種抽樣方法能夠確保每個樣本有相等的機會被選中？

(A) 隨機抽樣　(B) 系統抽樣　(C) 分層抽樣　(D) 方便抽樣。

(　) 30. 適當的樣本大小和抽樣方法的選擇對研究的影響是：

(A) 不重要的　(B) 有限的　(C) 微小的　(D) 重要且關鍵的。

(　) 31. 以下哪個統計量可以被極端值影響？

(A) 中位數　(B) 平均數　(C) 眾數　(D) 變異數。

(　) 32. 如果一組數據集的偏態為正，表示什麼？

(A) 數據分佈左偏　　　　　　　(B) 數據分佈右偏

(C) 數據分佈對稱　　　　　　　(D) 數據集不存在偏態。

(　) 33. 一組數據集的中位數是 20，第三四分位數是 25，該數據集的第一四分位數是多少？

(A) 15　(B) 20　(C) 25　(D) 30。

(　) 34. 哪種分佈最常見於自然界與社會科學中的數據集？

(A) 卜瓦松分佈　(B) 常態分佈　(C) 均勻分佈　(D) 二項分佈。

(　) 35. 哪種分佈描述的事件在一段固定時間內發生的次數？

(A) 常態分佈　(B) 卜瓦松分佈　(C) 均勻分佈　(D) 二項分佈。

(　) 36. 對於均勻分佈，下列哪個描述是正確的？

(A) 所有數值發生的概率均相等　(B) 數值按照正負方向排列

(C) 所有數值相加為零　　　　　(D) 所有數值相減為零。

(　) 37. Excel 中的哪個功能用於創建資料視覺化圖表？

(A) IF 函數　　　　　　　　　　(B) VLOOKUP 函數

(C) 圖表工具　　　　　　　　　(D) CONCATENATE 函數。

(　) 38. 哪個統計學術語用於描述資料的中間趨勢？

(A) 標準差　(B) 中位數　(C) 方差　(D) 百分位數。

(　) 39. 研究兩個變數之間的相關性和預測，最可能使用 Excel 中的哪個工具？

(A) 假設檢定　(B) 迴歸分析　(C) 隨機數生成　(D) 數據視覺化。

（　　）40. 在醫學領域中，統計學的應用主要是用於？

      (A) 分析市場趨勢　　　　　　　(B) 評估治療方法的有效性

      (C) 分析電子工程　　　　　　　(D) 預測天氣變化。

（　　）41. 統計學在科學研究中的作用是？

      (A) 推動實驗設計和政策制定

      (B) 檢驗理論、驗證假設和研究變數之間的關係

      (C) 創建藝術品和音樂

      (D) 分析國際政治趨勢。

（　　）42. 在政策制定中，統計學被用於？

      (A) 預測宇宙黑洞的位置　　　　(B) 分配資源、評估社會狀況和制定政策

      (C) 評估時尚趨勢　　　　　　　(D) 研究動物行為和生態學。

二、問答題

1. 定性資料和定量資料有何不同？

2. 解釋名目尺度、順序尺度、區間尺度和比例尺度之間的差異。並提供每個尺度的一個例子？

3. 解釋觀察、實驗和調查在資料蒐集中的不同用途及其相互關係？

4. 解釋什麼是樣本和母體？為何在統計學中合理選取代表性樣本是至關重要的？

5. 解釋概率和機率在統計學中的重要性以及它們在日常生活中的應用。

6. 請解釋統計推論的主要概念以及它在現實世界中的應用。

7. 解釋假設檢定和信賴區間的不同之處以及它們在統計學中的重要性。

8. 解釋一下散佈圖和折線圖的主要用途以及它們分別提供了哪些資訊？

9. 解釋相關性和迴歸分析之間的區別，並提供一個實際案例說明。

10. 請說明樣本大小在統計學中的作用？

11. 解釋為什麼在描述一組數據時，應該結合使用平均數、中位數和眾數？這三者各有何優缺點？給出一個具體的例子來說明。

12. 請解釋常態分佈在現實生活中的應用及其重要性。

13. 解釋 Excel 中的迴歸分析工具以及其在統計學中的應用。

14. 解釋統計學在商業中的應用？並舉例說明。

三、實作題

1. 請透過本章學習的 EXCEL 功能，製作出一個如下內容的表格：

No.	銷售量	單價	總銷售額	業務員
1	30	$2.00	$60.00	王大明
2	25	$2.00	$50.00	林零七
3	20	$2.00	$40.00	王大明
4	15	$2.00	$30.00	珍美麗
5	10	$2.00	$20.00	王大明
		合計	$200.00	

2. 透過此表格的內容，插入功能表中的「平面長條圖」，如下圖：

No.	銷售量	單價	總銷售額	業務員
1	30	$2.00	$60.00	王大明
2	25	$2.00	$50.00	林零七
3	20	$2.00	$40.00	王大明
4	15	$2.00	$30.00	珍美麗
5	10	$2.00	$20.00	王大明
		合計	$200.00	

2024銷售數量與總銷售額統計表

3. 依據上面表格，篩選出「王大明」的資料。

No.	銷售量	單價	總銷售額	業務員
1	30	$2.00	$60.00	王大明
3	20	$2.00	$40.00	王大明
5	10	$2.00	$20.00	王大明

用圖表呈現資料

學習目標

在現今大數據的時代，資料處理已經被廣泛的應用於各領域。學習資料處理主要是理解如何利用資料處理的工具，進行相關資料的分析，以及深入了解資料的特徵與意涵，進而解決所面臨的各種問題。有鑑於此，本章的學習目標，在於學習如何對龐大的資料進行處理，且利用圖表的方式加以呈現，以了解資料的特性，提供管理者面臨大量資料時的正確資訊，作為決策參考的依據。

本章大綱

　　一般來說，依照取得的方式來分類，資料可以分為初級資料（primary data）及次級資料（secondary data）等兩種，初級資料指的是由資料使用者自行蒐集的資料，例如透過問卷調查、訪談或觀察所獲得的顧客資料，而次級資料則是他人已經蒐集或整理好的二手資料，例如政府統計資料、學術機構或市調機構完成的調查研究報告，或是企業內部的財務資料、人事資料及顧客資料等。

　　如第一章所提到，前述所取得的資料，有可能包括研究對象的全體，稱為母體資料，至於母體所包含的個體數目，通常決定於資料使用者所希望了解的問題與對象。然而實務上，母體所包含的個體數目有可能很龐大，或是資料使用者受限於時間或成本，以致只能抽取母體中的一小部分個體，稱為樣本，進行調查與分析。

　　如同前述，儘管資料取得的方式和完整度可能不同，若想要從取得的資料中獲得有用的資訊，資料都必須經過有效的處理，才能顯示出資料的各項特徵，再由決策者運用其特徵提供的訊息做決策，進而提升決策品質。

　　此外，資料特徵的呈現方式，會因為資料型態的不同而有差異，當資料型態為質化時，通常會以圖表的方式呈現分析結果，其重點在於讓人能清楚瞭解資料中隱含的重要特徵。若資料型態為量化時，除了可以圖表的方式呈現資料分布的狀況外，還可以量數的方式呈現資料的各項趨勢，而重點主要在於資料的集中趨勢與離散程度。本章以下會分別說明如何利用統計表格與統計圖，來呈現資料的特徵，至於資料的集中趨勢與離散程度，將留待第三章進行介紹。

》》 2-1　質化資料的呈現

▌2-1-1　用表格呈現質化資料

　　質化（類別）資料通常會以次數分配表來呈現資料的特徵，製作類別資料的次數分配表時，通常是先將每一種不同的類別，各自當成一組，然後再一一檢視每筆資料，劃記在各自所屬的類別上，最後統計出各個類別的歸屬次數。

例題 2-1

有一家二手汽車專賣店，記錄近一個月內所銷售的 80 輛汽車品牌，如表 2-1，請依此項資料完成次數分配表與相對次數分配表。

表 2-1　汽車銷售品牌記錄表

福斯	豐田	BMW	豐田	豐田	豐田	豐田	豐田	BMW	賓士
BMW	賓士	裕隆	裕隆	BMW	賓士	特斯拉	福特	福特	福特
裕隆	豐田	特斯拉	豐田	賓士	特斯拉	賓士	豐田	賓士	特斯拉
賓士	特斯拉	福斯	福斯	賓士	賓士	豐田	豐田	福斯	特斯拉
豐田	BMW	豐田	豐田	豐田	豐田	福斯	賓士	賓士	特斯拉
豐田	裕隆	福特	福特	福斯	裕隆	裕隆	裕隆	裕隆	特斯拉
豐田	豐田	福斯	BMW	裕隆	福特	福特	福特	裕隆	BMW
BMW	賓士	裕隆	裕隆	特斯拉	賓士	豐田	賓士	特斯拉	福斯

解

(1) 可運用 Excel 中 COUNTIF 函數來計算各類別資料的次數，Excel 函數＝ COUNTIF (A1:J8,A11)，如圖 2-1。

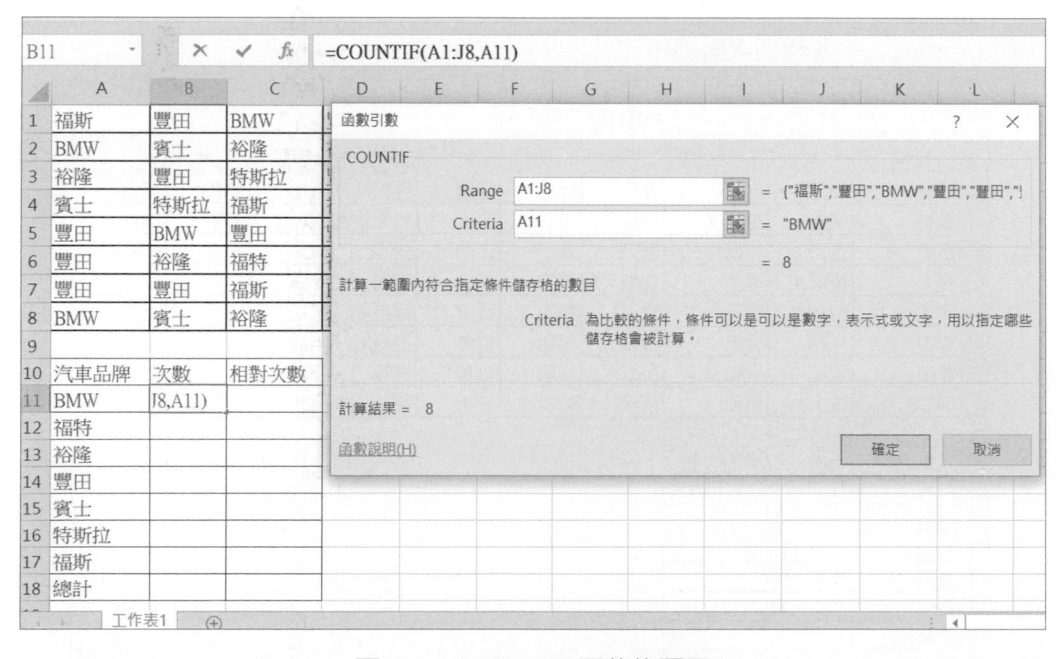

圖 2-1　COUNTIF 函數的運用

(2) 依序利用同樣的方法，以 COUNTIF 函數進行其他品牌的次數計算，且於 B18 鍵入＝SUM(B11:B17)，完成次數分配表，如圖 2-2。

B18	▾	:	×	✓	*fx*	=SUM(B11:B17)			
	A	B	C	D	E	F	G	H	I	J
1	福斯	豐田	BMW	豐田	豐田	豐田	豐田	豐田	BMW	賓士
2	BMW	賓士	裕隆	裕隆	BMW	賓士	特斯拉	福特	福特	福特
3	裕隆	豐田	特斯拉	豐田	賓士	特斯拉	賓士	豐田	賓士	特斯拉
4	賓士	特斯拉	福斯	福斯	賓士	賓士	豐田	豐田	福斯	特斯拉
5	豐田	BMW	豐田	豐田	豐田	豐田	福斯	賓士	賓士	特斯拉
6	豐田	裕隆	福特	福特	福斯	裕隆	裕隆	裕隆	裕隆	特斯拉
7	豐田	豐田	福斯	BMW	裕隆	福特	福特	福特	裕隆	BMW
8	BMW	賓士	裕隆	裕隆	特斯拉	賓士	豐田	賓士	特斯拉	福斯
9										
10	汽車品牌	次數	相對次數							
11	BMW	8								
12	福特	8								
13	裕隆	12								
14	豐田	20								
15	賓士	14								
16	特斯拉	10								
17	福斯	8								
18	總計	80								

圖 2-2　完成的次數分配表

(3) 將類別的次數，除以資料總次數，即可得到相對次數，比方若想計算 BMW 的相對次數，可在 C11 鍵入 = B11/$B$18，如圖 2-3。

$$相對次數 = \frac{類別次數}{各類別次數總和}$$

C11	▾	:	×	✓	*fx*	=B11*100%/$B$18			
	A	B	C	D	E	F	G	H	I	J
1	福斯	豐田	BMW	豐田	豐田	豐田	豐田	豐田	BMW	賓士
2	BMW	賓士	裕隆	裕隆	BMW	賓士	特斯拉	福特	福特	福特
3	裕隆	豐田	特斯拉	豐田	賓士	特斯拉	賓士	豐田	賓士	特斯拉
4	賓士	特斯拉	福斯	福斯	賓士	賓士	豐田	豐田	福斯	特斯拉
5	豐田	BMW	豐田	豐田	豐田	豐田	福斯	賓士	賓士	特斯拉
6	豐田	裕隆	福特	福特	福斯	裕隆	裕隆	裕隆	裕隆	特斯拉
7	豐田	豐田	福斯	BMW	裕隆	福特	福特	福特	裕隆	BMW
8	BMW	賓士	裕隆	裕隆	特斯拉	賓士	豐田	賓士	特斯拉	福斯
9										
10	汽車品牌	次數	相對次數							
11	BMW	8	10.00%							
12	福特	8								
13	裕隆	12								
14	豐田	20								
15	賓士	14								
16	特斯拉	10								
17	福斯	8								
18	總計	80								

圖 2-3　計算相對次數

(4) 依序複製上述函數,且於 C18 鍵入＝ SUM(C11:C17),即可獲得各類別資料的相對次
    數表,如圖 2-4。

	A	B	C	D	E	F	G	H	I	J
1	福斯	豐田	BMW	豐田	豐田	豐田	豐田	豐田	BMW	賓士
2	BMW	賓士	裕隆	裕隆	BMW	賓士	特斯拉	福特	福特	福特
3	裕隆	豐田	特斯拉	豐田	賓士	特斯拉	賓士	豐田	賓士	特斯拉
4	賓士	特斯拉	福斯	福斯	賓士	賓士	豐田	豐田	福斯	特斯拉
5	豐田	BMW	豐田	豐田	豐田	豐田	福斯	賓士	賓士	特斯拉
6	豐田	裕隆	福特	福特	福斯	裕隆	裕隆	裕隆	裕隆	特斯拉
7	豐田	豐田	福斯	BMW	裕隆	福特	福特	福特	裕隆	BMW
8	BMW	賓士	裕隆	裕隆	特斯拉	賓士	豐田	賓士	特斯拉	福斯
9										
10	汽車品牌	次數	相對次數							
11	BMW	8	10.00%							
12	福特	8	10.00%							
13	裕隆	12	15.00%							
14	豐田	20	25.00%							
15	賓士	14	17.50%							
16	特斯拉	10	12.50%							
17	福斯	8	10.00%							
18	總計	80	100.00%							

圖 2-4 完成的相對次數分配表

(5) 由次數分配表可得知,近一個月內所銷售之 80 輛汽車品牌中,各類別汽車品
    牌的銷售數量均達 10% 以上,其中以豐田汽車的銷售數量 20 輛為最高,佔整
    個月銷售量的百分比為 25%。

2-1-2 用圖形呈現質化資料

次數分配的統計表,雖比文字的描述,或是原始資料本身,更能呈現資料的分配情
況,但圖形給人的印象常勝過文字。換言之,統計圖的運用是呈現資料分配最有效的方
式之一。因為透過視覺,可對所繪製的圖形,做出資料分佈集中趨勢與離散程度的判讀,
從而獲得相關資訊。

統計圖形可用來結合次數分配表或相對次數分配表的資料,來繪製次數分配圖和相
對次數分配圖。其中,長條圖(bar chart)與圓形圖(pie chart)兩種圖形,較常用於呈
現類別資料的次數分配及相對次數分配。

例題 2-2

用例題 2-1 所得到的圖 2-4 次數分配表，繪製成長條圖。

解

(1) 先將游標選取「A11 至 B17」的範圍，再點選：【插入→圖表→所有圖表→直條圖】，即出現圖表精靈視窗，如圖 2-5 所示。

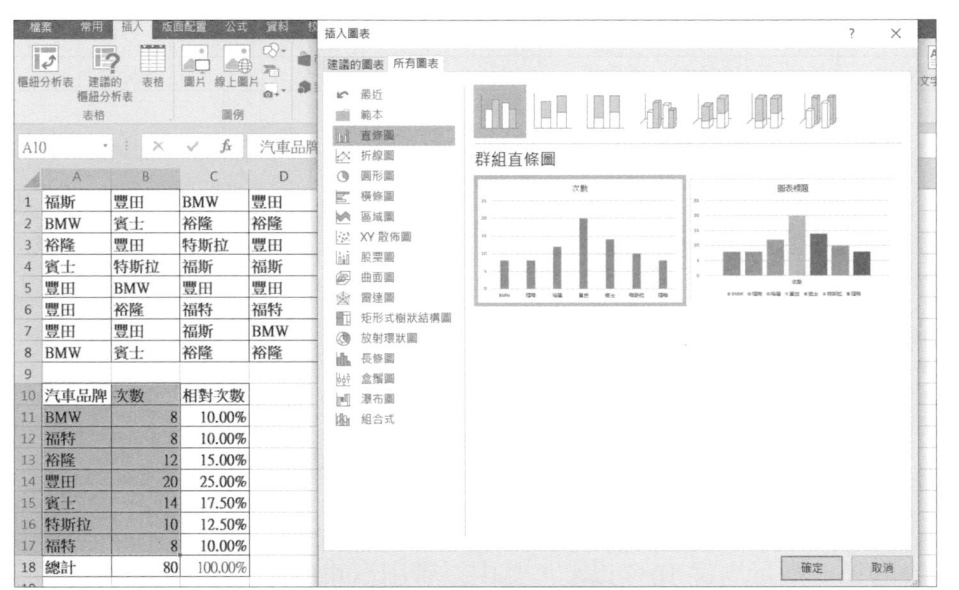

圖 2-5　圖表精靈視窗

(2) 選取所要繪製的圖形，以本例題為例，應點選：「直條圖」。再點選：「確定」。視窗就能完成圖 2-6 的各類汽車品牌銷售數量長條圖。

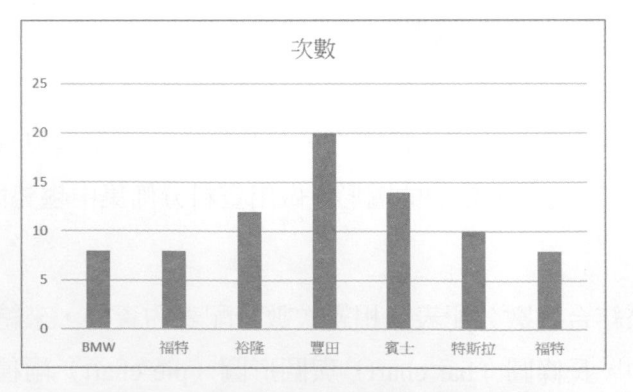

圖 2-6　各類汽車品牌銷售數量長條圖

(3) 由圖 2-6 得知，過去一個月內所銷售的各類汽車品牌數量以豐田 20 輛最多，其次為賓士 14 輛。

例題 2-3

試利用例題 2-1 所得到的圖 2-4 相對次數分配表，繪製成圓形圖。

解

(1) 先將游標選取汽車品牌及相對次數資料，再點選：【插入→圖表→所有圖表→圓形圖】，即出現圖表精靈視窗，如圖 2-7 所示。

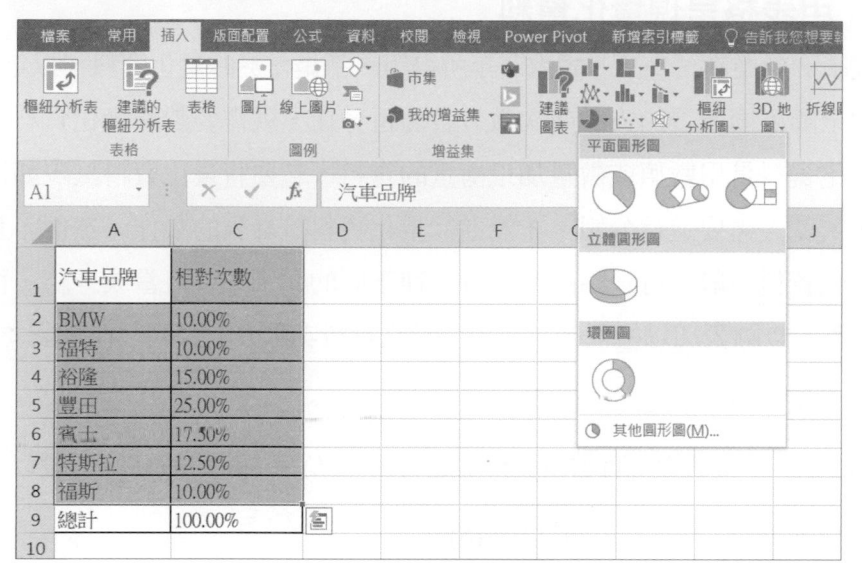

圖 2-7　圓形圖圖表精靈視窗

(2) 選取所要繪製的圖形，以本例題為例，應點選：「圓形圖」。再點選：「確定」。視窗就能完成圖 2-8 的各類汽車品牌銷售數量圓形圖。

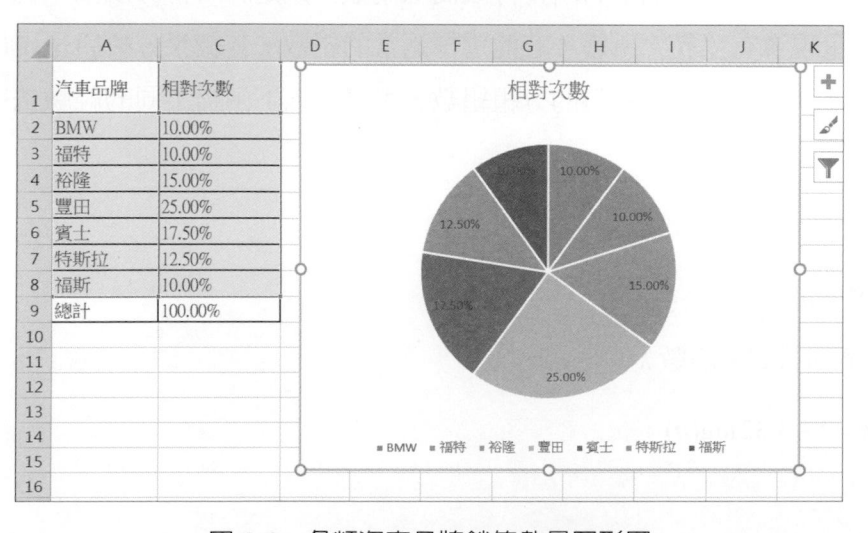

圖 2-8　各類汽車品牌銷售數量圓形圖

➤➤ 2-2　量化資料的呈現

　　量化（數量）資料屬性與質化（類別）資料在資料性質上有所不同，所以呈現量化資料特徵的處理方式也有差異，若要觀察量化資料在一些區間範圍內的次數，可使用次數分配表和累積次數分配表，以直方圖（histogram）或折線圖（Line Chart）來表現，以下介紹如何以圖表呈現量化資料，以協助管理者了解量化資料的分布狀況，且做出決策。

▌2-2-1　用表格呈現量化資料

　　考試成績、營業額、身高、體重、年所得等，都是常見的量化資料，以年所得為例，若想要了解全國不同所得的人數（次數）各佔百分比，就需要製作量化資料的次數分配表。因為量化資料是用數值或數量加以衡量的資料，若要將量化資料呈現如同質化資料的類別特徵，就先需要進行分組，才能進行量化資料統計表的製作。然而，量化資料的分組不像質化資料一般，可以明顯的將每一種不同的類別，各自當成一組，而需要進行分組，才較適合以圖表加以呈現。以下說明量化資料次數分配表的製作步驟：

一、求全距 (R)

　　全距（range）是蒐集的所有數量資料中之最大值(L)減去最小值(S)，一般以 R 表示，即：

$$全距 (R) = 最大值 (L) - 最小值 (S)$$

二、選擇組數 (k)

　　究竟該將蒐集的量化資料分成幾組，並無定論，但不同組數大小的決定，會讓資料產生的次數分配也不同，例如將所得分成高低兩類，或是將所得分成高中低三類，其次數分配表的呈現會有差異。所幸，若能選擇適當的組數，其結果分析所呈現出的資料特徵，不至於差別太大。量化資料的分組組數，可參考以下兩種不同的經驗法則來進行分組：

1. 透過下列公式求組數 k：

$$2^k \geq n$$

2. 透過下列公式求組數 k：

$$k = 1 + 3.32 \log(n)$$

其中，n 爲數量資料的總個數，k 爲滿足上式之一的整數，習慣上取最小值或近似值，而經驗得出的組數 k 值，以介於 5~15 之間爲佳。

三、決定每組範圍（組距）大小 (h)

在得到量化資料的全距 R 與要分的組數 k 值之後，就可決定每組範圍（組距）；組距 h 是指每一組的寬度，組距 (h) 的大小，決定於全距 (R) 和組數 (k) 的大小，其計算的方式爲：

$$h = \frac{R}{k}$$

一般而言，組距的大小，尚可按實際的需要，修正爲兼具容易計算，或實務上的習慣要求。

四、決定組別

前三個步驟已完成，則只要確定最小一組的組下限值，其餘各組的組限（各組的上限值及下限值）及組別就可以確認。

五、計算各組的次數

將資料依大小一一檢視，註記在其所屬組別內，最後彙總成各組的次數，完成次數分配表。在計算各組次數時，也可以利用 Excel 的 FREQUENCY 函數功能來完成。

例題 2-4

假設某次商業資料分析與應用期中考試後，甲班全班 60 人的成績，如表 2-2：

表 2-2　甲班商業資料分析與應用期中考試

87	73	94	81	88	57	47	63	67	61
58	71	45	68	71	84	60	98	65	87
87	69	99	78	96	59	82	67	53	78
77	67	71	79	71	67	65	81	63	51
79	89	72	54	97	45	68	75	64	66
87	70	77	58	72	49	89	85	73	62

試依據量化資料分組的步驟，完成該班成績的次數分配表及相對次數分配表，並分析其呈現的可能趨勢特徵。

解 1） 建立量化資料次數分配表的進行步驟如下：

(1) 經觀察表 2-2，全班分數 (x) 最高分 (L) 為 99 分，最低分 (S) 為 45 分，因此

全距 (R) ＝ 最大值 (L) － 最小值 (S) ＝ 99 － 45 ＝ 54

(2) 全班人數 (n) 有 60 位，依據前述介紹的選擇適當組數 (k) 兩種不同經驗法則，

得 $2^5 = 32 \leq 60$，$2^6 = 64 \geqq 60$，故取組數 $k = 6$；

若由 $k = 1 + 3.32\log(60)$，得 $k \fallingdotseq 6.9$，故取組數 $k = 6$ 亦適用。

(3) 決定每組範圍（組距）大小 (h)

組距的大小，大致決定於：

$$h = \frac{R}{k} = \frac{54}{6} = 9$$

因為 $h = 9$ 為整數，可以不做修正，而決定每組範圍的組距 (h) 為 9。

(4) 決定各組的組別

若決定最小一組的組下限值 $S_1 = 45$，則配合得到的組數 $k = 6$，組距 $h = 9$，可決定各組 (i) 的組上限 (L_i) 與組下限 (S_i) 及組別。

(5) 註記每個資料 (x) 至所屬組別，且計算各組次數及相對次數，結果如表 2-3。

表 2-3　商業資料分析與應用期中考試之次數分配表

組別		次數	相對次數
1	$45 \leq x \leq 54$	7	11.67%
2	$54 < x \leq 63$	9	15.00%
3	$63 < x \leq 72$	18	30.00%
4	$72 < x \leq 81$	11	18.33%
5	$81 < x \leq 90$	10	16.67%
6	$90 < x \leq 99$	5	8.33%
合計		60	100.00%

由完成之表 2-3 次數分配表，呈現本次甲班全班 60 人的商業資料分析與應用期中考試成績的特徵，分數介於 63 分至 72 分的人數最多有 18 位佔 30.00%，其次，是 72 分至 81 分有 11 位佔 18.33%，再者，是 81 分至 90 分有 10 位佔 16.67%。

解2　例題 2-4 的 Excel 運用步驟

透過 Excel 完成商業資料分析與應用期中考試成績的次數分配表的步驟如下：

(1) 進入 Excel 工作表，將例題 2-4 的 60 個數量資料分別鍵入儲存格「A1 至 J6」。

(2) 依據量化資料的分組步驟，先找出組數 (k = 6) 及分組之上下限值 45 及 99。

(3) 預做相對次數分配表：在「A8」鍵入「組別」，在「B8」鍵入「組下限」，「C8」鍵入「組上限」，「D8」鍵入「次數」，「E8」鍵入「相對次數」，且於「A15」鍵入「總計」。

(4) 將游標選取「D9 至 D14」的範圍，再點選【公式→函數程式庫→其他函數】，選取【統計】類別中的「FREQUENCY」後，按「確定」即出現函數引數的視窗。

(5) 在新出現視窗中的「Data_array」處鍵入「A1:J6」、「Bins_array」處鍵入「C9:C14」，如圖 2-9 所示。

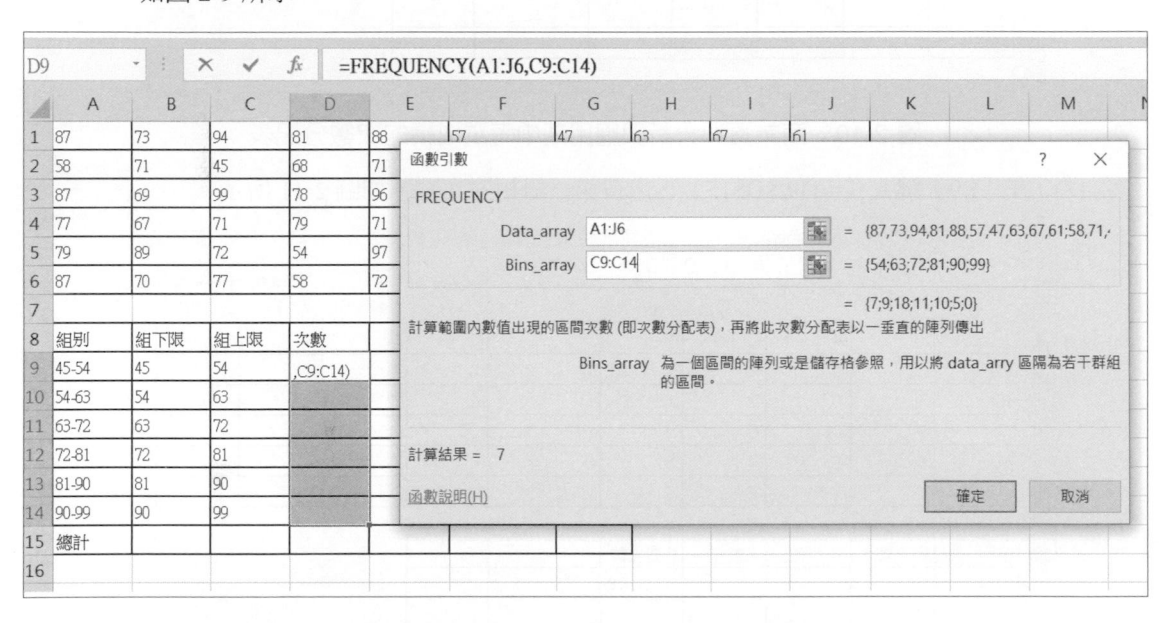

圖 2-9　次數分配表 Excel 中 FREQUENCY 函數的引述視窗

(6) 在此需要特別注意，接下來不是按「確定」，而是按「Ctrl+Shift+Enter」後，即可在「D9 至 D14」顯示出次數分配。

(7) 在「D15」鍵入「= sum(D9:D14)」，以計算並檢驗是否總次數為 60，如圖 2-10 所示。

D15	▾	:	×	✓	*fx*	=SUM(D9:D14)			

	A	B	C	D	E	F	G	H	I	J
1	87	73	94	81	88	57	47	63	67	61
2	58	71	45	68	71	84	60	98	65	87
3	87	69	99	78	96	59	82	67	53	78
4	77	67	71	79	71	67	65	81	63	51
5	79	89	72	54	97	45	68	75	64	66
6	87	70	77	58	72	49	89	85	73	62
7										
8	組別	組下限	組上限	次數						
9	45-54	45	54	7						
10	54-63	54	63	9						
11	63-72	63	72	18						
12	72-81	72	81	11						
13	81-90	81	90	10						
14	90-99	90	99	5						
15	總計			60						
16										

圖 2-10　商業資料分析與應用期中考試成績的次數分配表

(8) 在「E9」鍵入「= D9/$D$15」，求得第一組相對次數，如圖 2-11 所示。

E9	▾	:	×	✓	*fx*	= D9/$D$15			

	A	B	C	D	E	F	G	H	I	J
1	87	73	94	81	88	57	47	63	67	61
2	58	71	45	68	71	84	60	98	65	87
3	87	69	99	78	96	59	82	67	53	78
4	77	67	71	79	71	67	65	81	63	51
5	79	89	72	54	97	45	68	75	64	66
6	87	70	77	58	72	49	89	85	73	62
7										
8	組別	組下限	組上限	次數	相對次數					
9	45-54	45	54	7	11.67%					
10	54-63	54	63	9						
11	63-72	63	72	18						
12	72-81	72	81	11						
13	81-90	81	90	10						
14	90-99	90	99	5						
15	總計			60						
16										

圖 2-11　相對次數分配表的計算方式

(9) 下拉複製「E9」到「E10 至 E14」，完成相對次數分配。

(10) 在「E15」鍵入「= D15/$D$15」，以計算並檢驗是否總分配值為100%，如圖2-12所示。

	A	B	C	D	E	F	G	H	I	J
1	87	73	94	81	88	57	47	63	67	61
2	58	71	45	68	71	84	60	98	65	87
3	87	69	99	78	96	59	82	67	53	78
4	77	67	71	79	71	67	65	81	63	51
5	79	89	72	54	97	45	68	75	64	66
6	87	70	77	58	72	49	89	85	73	62
7										
8	組別	組下限	組上限	次數	相對次數					
9	45-54	45	54	7	11.67%					
10	54-63	54	63	9	15.00%					
11	63-72	63	72	18	30.00%					
12	72-81	72	81	11	18.33%					
13	81-90	81	90	10	16.67%					
14	90-99	90	99	5	8.33%					
15	總計			60	100.00%					
16										

（E15 儲存格公式列顯示：= D15/$D$15）

圖 2-12 商業資料分析與應用期中考試成績的相對次數分配表

　　根據前述完成的次數分配表，將各組次數依照次序累加，可以進一步求得累積次數分配表，將各組的累積相對次數除以合計次數的百分比加以呈現，即可得到累積相對次數分配表，透過累積次數及累積相對次數分配表，我們可以了解某筆資料在整體資料中的相對位置。

例題 2-5

依據例題 2-4 商業資料分析與應用期中考試成績資料，完成該班成績的累積次數分配表及累積相對次數分配表，並分析其呈現的可能趨勢特徵。

解 1

　　根據表 2-3 完成的次數分配表，首先依序累加，可獲得各分組的累積次數，其次，再以各組累積次數除以合計次數，可以進一步得到各組的累積相對次數，即可完成表 2-4 累積次數分配表：

表 2-4　商業資料分析與應用期中考試之累積次數分配表

	組別	次數	相對次數	累積次數	累積相對次數
1	$45 \leq x \leq 54$	7	11.67%	7	11.67%
2	$54 < x \leq 63$	9	15.00%	16	26.67%
3	$63 < x \leq 72$	18	30.00%	34	56.67%
4	$72 < x \leq 81$	11	18.33%	45	75.00%
5	$81 < x \leq 90$	10	16.67%	55	91.67%
6	$90 < x \leq 99$	5	8.33%	60	100.00%
	合計	60	100.00%		

　　由完成之表 2-4 累積次數分配表，呈現該班 60 人的商業資料分析與應用期中考試成績的特徵，分數介於 63 分至 72 分的累積人數增加最多，自 16 人增加至 34 人，累積相對次數自 26.67% 增加至 56.67%，其次，分數介於 72 分至 81 分的累積人數增加次多，自 34 人增加至 45 人，累積相對次數自 56.67% 增加至 75.00%。

解 2　例題 2-5 的 Excel 運用步驟

(1)　預做累積次數分配表：在「F8」鍵入「累積次數」。

(2)　將游標選取「F9」，再點選【公式→函數程式庫→其他函數】，選取【統計】類別中的「FREQUENCY」後，按「確定」即出現函數引數的視窗。

(3)　在新出現視窗中的「Data_array」處鍵入「$A$1:$J$6」、「Bins_array」處鍵入「C9」，如圖 2-13 所示。

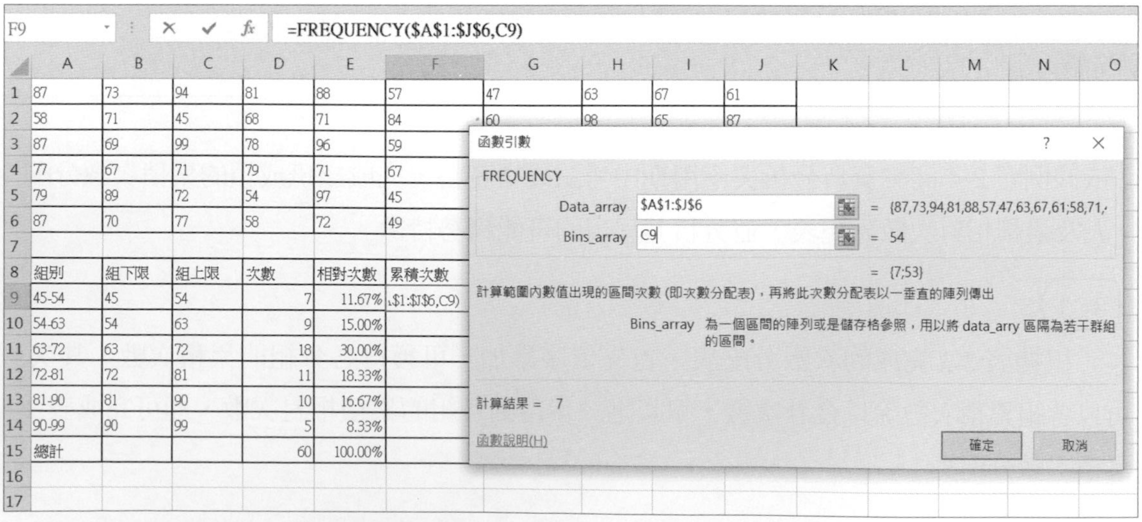

圖 2-13　累積次數分配表 Excel 中 FREQUENCY 函數的引述視窗

(4)　下拉複製「F9」到「F10 至 F14」，完成累積次數分配，如圖 2-14 所示。

87	73	94	81	88	57	47	63	67	61
58	71	45	68	71	84	60	98	65	87
87	69	99	78	96	59	82	67	53	78
77	67	71	79	71	67	65	81	63	51
79	89	72	54	97	45	68	75	64	66
87	70	77	58	72	49	89	85	73	62
組別	組下限	組上限	次數	相對次數	累積次數				
45-54	45	54	7	11.67%	7				
54-63	54	63	9	15.00%	16				
63-72	63	72	18	30.00%	34				
72-81	72	81	11	18.33%	45				
81-90	81	90	10	16.67%	55				
90-99	90	99	5	8.33%	60				
總計			60	100.00%					

圖 2-14　商業資料分析與應用期中考試成績的累積次數分配表

(5)　預做累積相對次數分配表：在「G8」鍵入「累積相對次數」。

(6)　在「G9」鍵入「= F9/$F$14」，求得第一組累積相對次數，如圖 2-15 所示。

G10			⨯	✓	ƒx				
	A	B	C	D	E	F	G	H	I	J
1	87	73	94	81	88	57	47	63	67	61
2	58	71	45	68	71	84	60	98	65	87
3	87	69	99	78	96	59	82	67	53	78
4	77	67	71	79	71	67	65	81	63	51
5	79	89	72	54	97	45	68	75	64	66
6	87	70	77	58	72	49	89	85	73	62
7										
8	組別	組下限	組上限	次數	相對次數	累積次數	累積相對次數			
9	45-54	45	54	7	11.67%	7	11.67%			
10	54-63	54	63	9	15.00%	16				
11	63-72	63	72	18	30.00%	34				
12	72-81	72	81	11	18.33%	45				
13	81-90	81	90	10	16.67%	55				
14	90-99	90	99	5	8.33%	60				
15	總計			60	100.00%					
16										

圖 2-15　累積相對次數分配表的計算方式

(7)　下拉複製「G9」到「G10 至 G14」，完成累積相對次數分配，如圖 2-16 所示。

A	B	C	D	E	F	G	H	I	J
87	73	94	81	88	57	47	63	67	61
58	71	45	68	71	84	60	98	65	87
87	69	99	78	96	59	82	67	53	78
77	67	71	79	71	67	65	81	63	51
79	89	72	54	97	45	68	75	64	66
87	70	77	58	72	49	89	85	73	62
組別	組下限	組上限	次數	相對次數	累積次數	累積相對次數			
45-54	45	54	7	11.67%	7	11.67%			
54-63	54	63	9	15.00%	16	26.67%			
63-72	63	72	18	30.00%	34	56.67%			
72-81	72	81	11	18.33%	45	75.00%			
81-90	81	90	10	16.67%	55	91.67%			
90-99	90	99	5	8.33%	60	100.00%			
總計			60	100.00%					

圖 2-16　商業資料分析與應用期中考試成績的累積相對次數分配表

2-2-2　用圖形呈現量化資料

在 2-1-2 節中介紹了長條圖，它通常用來呈現類別資料的大小，每一個長條代表一種類別，不同長條之間存在著間隔，而其高度則代表該類別的次數。

而在量化連續資料中，若要呈現各類別的次數分佈情形，則可用直方圖來表示。與長條圖不同的是，直方圖常被用於觀察量化資料在一些區間範圍內的次數，以及了解量化資料的集中與分散的情形，而直方圖中的橫軸代表量化資料的區間，將量化資料適當地分區後，即可開始繪製直方圖，每一矩形代表一個組距，各組距之間沒有間隔，且需按照大小順序排列。

其次，量化資料經分組後的相對次數，也可以用直方圖來加以呈現，以了解量化分組資料的相對比例。再者，量化分組資料的累積次數與累積相對次數，則常用折線圖來呈現。

例題 2-6

利用例題 2-4 某次商業資料分析與應用期中考試後，甲班全班 60 人的成績資料，繪製量化資料的分組次數直方圖。

解

　　要繪製直方圖，需開啟例題 2-4 已完成的次數分配表，選取繪製直方圖所需之組別及次數資料，且開啟 Excel 功能列【插入】中【插入圖表】選項，如圖 2-17。

圖 2-17　Excel 功能列【插入】中【插入圖表】選項

點選「群組直條圖」選項，即可呈現初步繪製之直方圖，如圖 2-18。

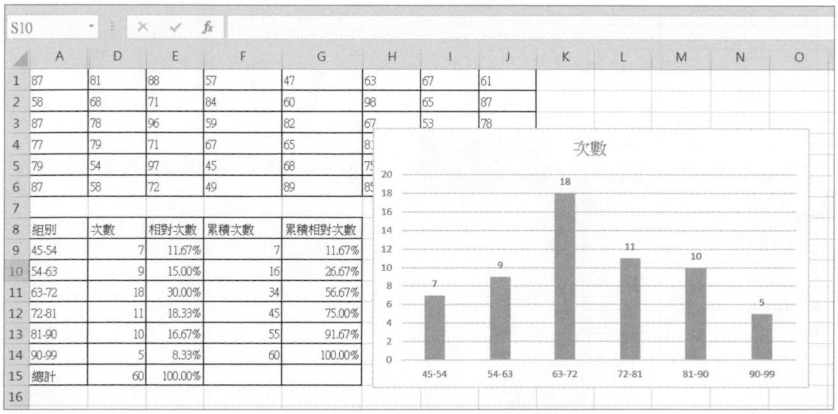

圖 2-18　初步繪製之直方圖

由於圖 2-18 所完成的初步直方圖，各直條之間有間隔，可點選圖形兩下，把「類別間距」改為 0%，即可完成正式的直方圖，如圖 2-19 所示。

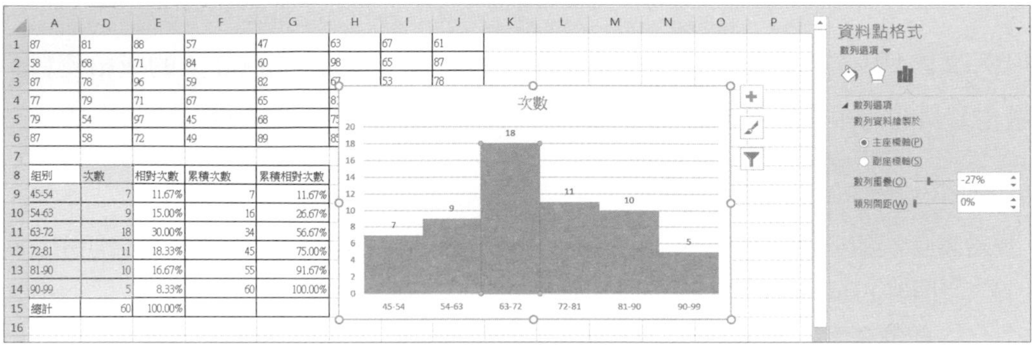

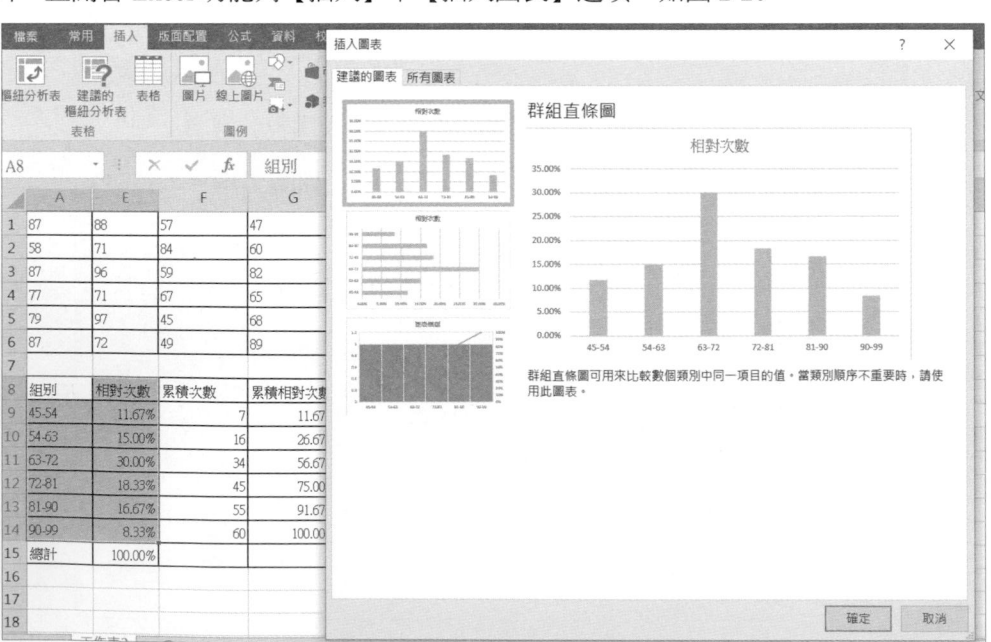

圖 2-19　完成的直方圖

例題 2-7

利用例題 2-4 某次商業資料分析與應用期中考試後，甲班全班 60 人的成績資料，繪製量化資料的相對次數直方圖。

解

要繪製圓形圖，需開啟例題 2-4 已完成的次數分配表，選取繪製圓形圖所需之組別及次數資料，且開啟 Excel 功能列【插入】中【插入圖表】選項，如圖 2-20。

圖 2-20　直方圖的圖表精靈視窗

(2) 選取所要繪製的圖形，以本例題為例，應點選：「群組直條圖」。再點選：「確定」，
經過類似例題 2-6 的調整，視窗就能完成如圖 2-21 的量化資料相對次數直方圖。

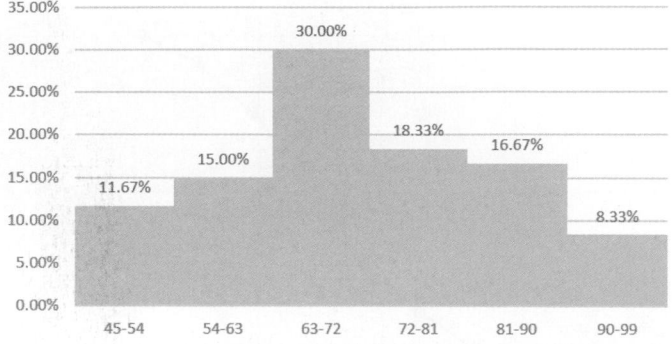

圖 2-21 完成的直方圖

例題 2-8

利用例題 2-5 某次商業資料分析與應用期中考試後，甲班全班 60 人的成績資料製成
的累積次數分配表，繪製量化資料的累積次數折線圖。

解

(1) 要繪製折線圖，需開啟例題 2-5 已完成的累積次數分配表，選取繪製折線圖所需之組
別及次數資料，且開啟 Excel 功能列【插入】中【插入圖表】選項。

(2) 選取所要繪製的圖形，以本例題為例要繪製折線圖，應點選：「散佈圖」來繪製較恰
當，如圖 2-22。

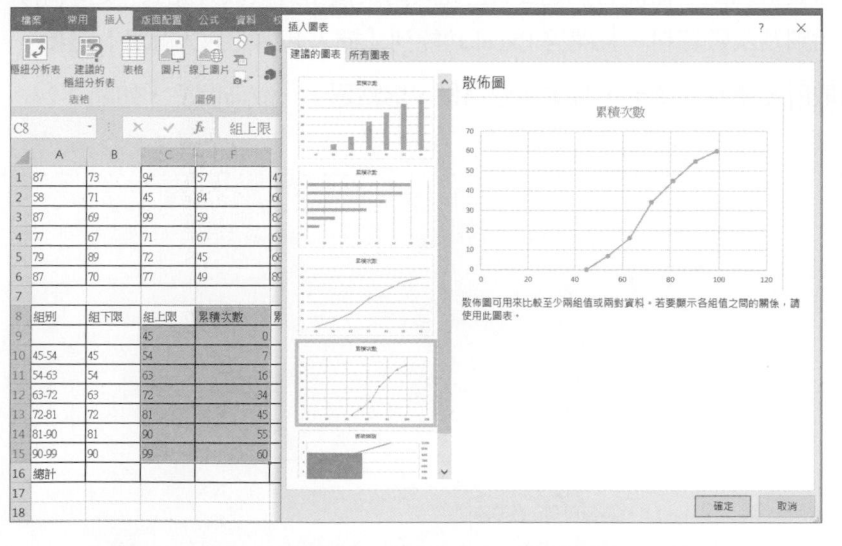

圖 2-22 Excel 功能列【插入】中【插入圖表】選項

(3) 再點選：「確定」。視窗就能完成如圖 2-23 的量化資料累積次數折線圖。

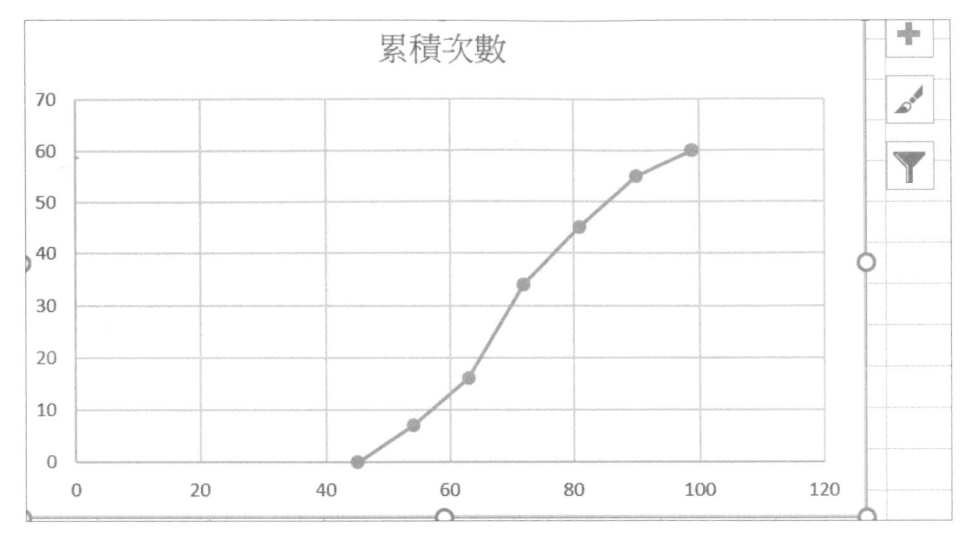

圖 2-23　完成的累積次數折線圖

例題 2-9

利用例題 2-5 某次商業資料分析與應用期中考試後，甲班全班 60 人的成績資料製成的累積相對次數分配表，繪製量化資料的累積相對次數折線圖。

解

(1) 要繪製折線圖，需開啟例題 2-5 已完成的累積相對次數分配表，選取繪製折線圖所需之組別及次數資料，且開啟 Excel 功能列【插入】中【插入圖表】選項。

(2) 選取所要繪製的圖形，以本例題為例，應點選：「散佈圖」，如圖 2-24。

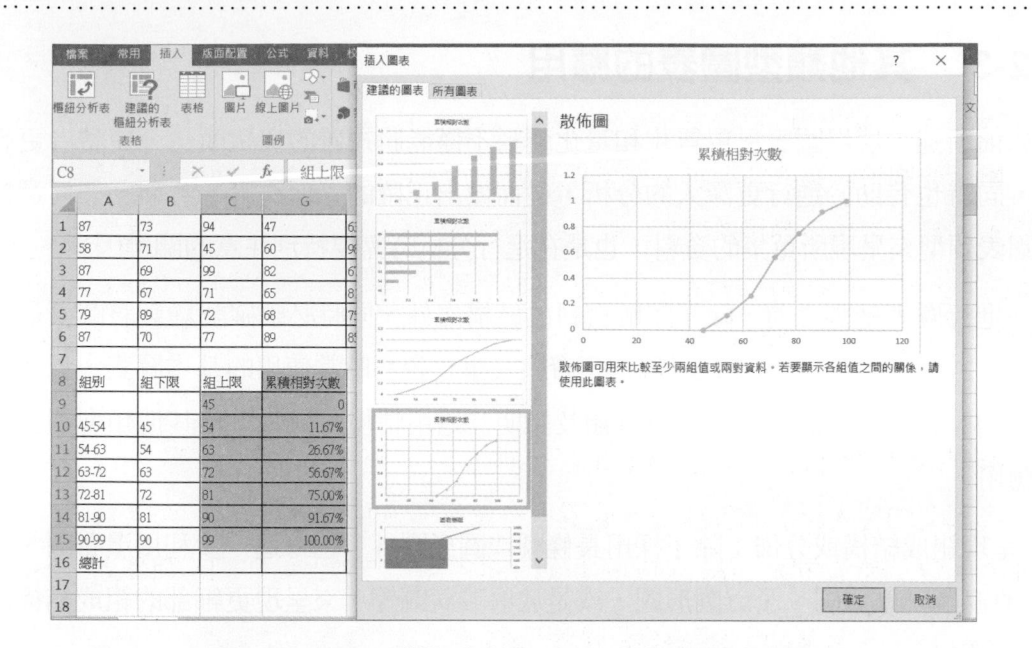

圖 2-24　Excel 功能列【插入】中【插入圖表】選項

(3)　再點選：「確定」。視窗就能完成圖 2-25 的量化資料累積相對次數折線圖。

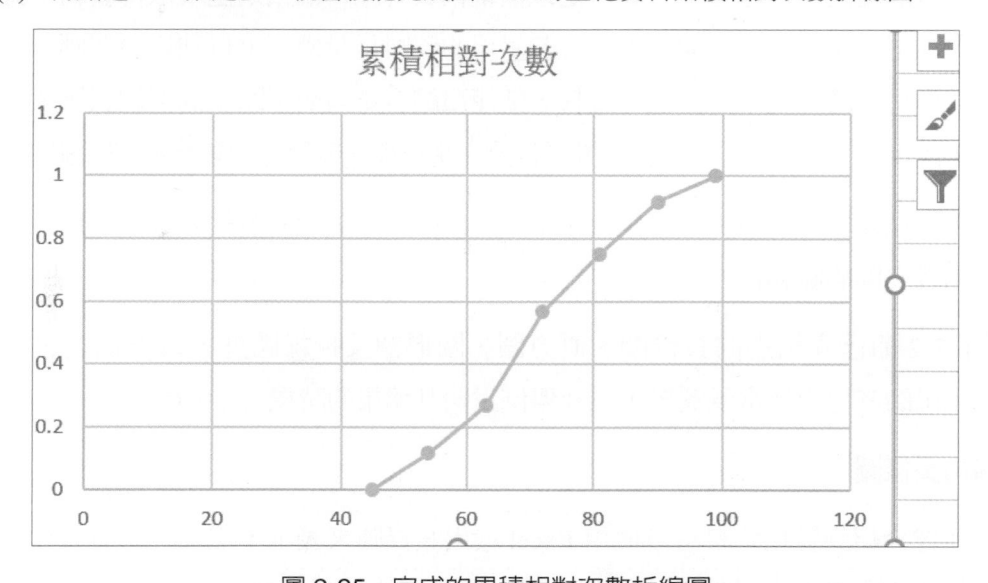

圖 2-25　完成的累積相對次數折線圖

≫ 2-3   其他類型圖表的應用

如前所述，使用圖表呈現質化和量化資料不僅能將複雜的資訊簡化，使讀者更容易理解，同時也有助於進行更深入的分析，從而做出正確的管理決策。然而，如何選擇適合的圖表類型來呈現所蒐集的資料，也是在進行分析時需要特別注意的關鍵因素。

在進行圖表繪製之前，除了了解資料的結構之外，同時必須確認繪製該圖表最主要的目的，2-1 及 2-2 節介紹了在呈現質化資料及量化資料時常使用的基本圖表，以下進一步依照繪製圖表目的的不同，簡單分類及說明其適用情境，同時介紹其他類型圖表的繪製及應用。

1. 呈現組成結構或分佈：除了採用長條圖或圓形圖外，也可進一步利用瀑布圖、堆疊直條圖、區域圖、子母圓形圖，或是放射環狀圖等，來呈現更細部的組成結構或分佈資料。

2. 呈現時間變化下的趨勢：大部份是以橫軸代表時間，縱軸則呈現數據資料，此時多數會採用折線圖和長條圖來表現。若呈現的資料是股價，可以利用股票圖，若在一個圖中想同時呈現不同單位的資料，則使用結合不同類型圖表的群組式圖表較為合適，此外，也可採用瀑布圖及堆疊長條圖，進一步展現隨時間變化的細部組成資料。

3. 呈現兩個變數的相關性：可以利用 XY 散佈圖，將兩個變數的關係繪製成圖形，觀察兩者之間的關聯性。

除了 2-2 節已介紹過的長條圖、直方圖、圓形圖及折線圖外，以下補充說明利用 Excel 能畫出的其他幾種常見圖形，以及舉例說明其適用的時機。

1. 橫向長條圖

之前曾介紹到質化資料可以使用 Excel 繪出長條圖來表示，然而，部分質化資料座標軸的字數較多，可能無法完整呈現，或是僅能如圖 2-26 的呈現方式，這時就可以考慮使用橫向長條圖加以表示。表 2-5 是某大學生一個月的消費記錄，若以一般長條圖表示，在閱讀便利性及美觀上，都有改善的空間。

表 2-5　消費記錄

支出項目	支出金額（元）
飲食支山	5000
交通支出	2000
住宿支出	6000
娛樂支出	1000
購物支出	1000
水電費	500
其他零用支出	500

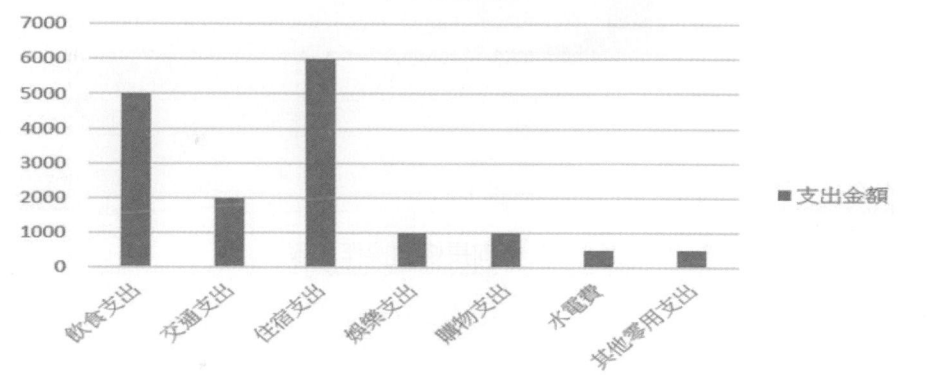

圖 2-26　垂直的長條圖

　　為改善前述的問題，可以考慮使用橫向長條圖呈現。首先，選取資料範圍，在功能列「插入圖表」中選擇「群組橫條圖」的功能，來繪製所需的圖形，來繪製所需的圖形，如圖 2-27，而圖 2-28 是完成的橫向長條圖。

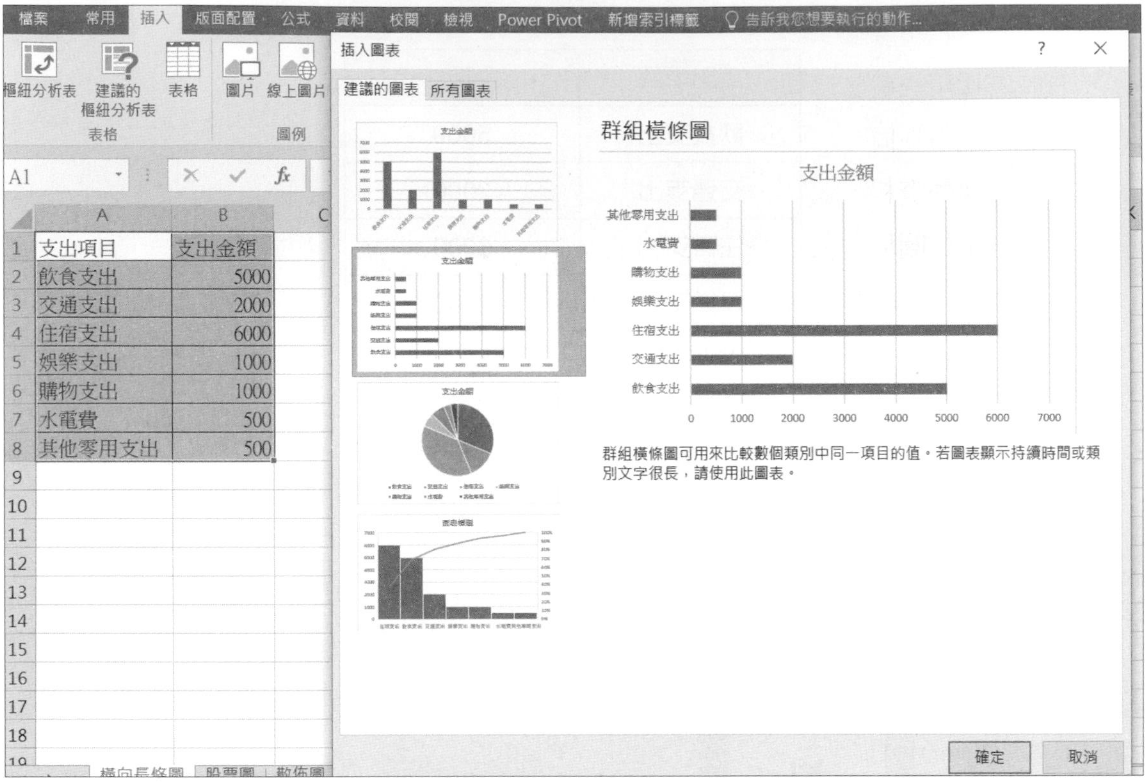

圖 2-27　橫向長條圖操作步驟

支出金額

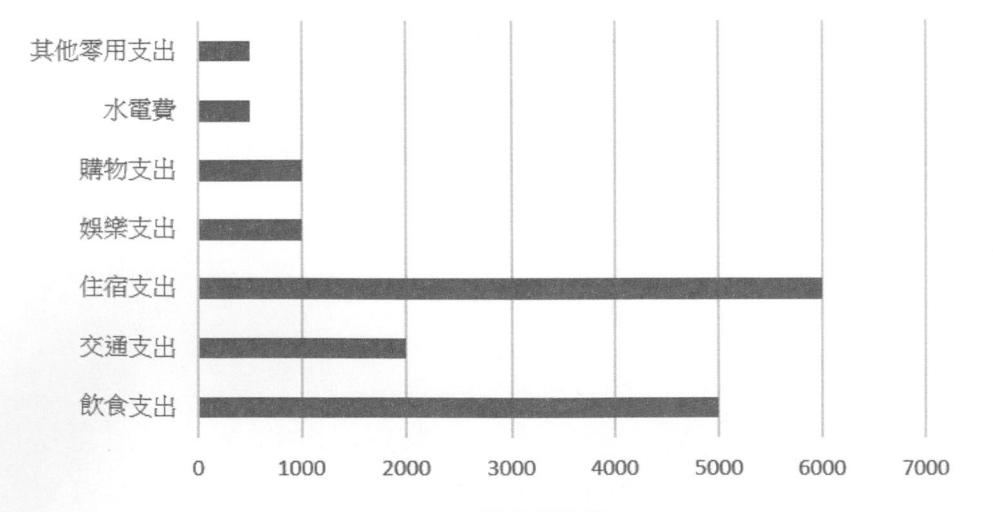

圖 2-28　橫向長條圖

2. 子母圓形圖

有時若採用一般圓形圖，所需要呈現的項目太多，或是某幾個類別的比例較小，但又必須呈現在同一個圓形圖上時，可能會造成讀者閱讀上的困難，可以試著將相對較不重要的資料，利用一個較小的圓形圖劃分出來，就能讓讀者能更清楚的理解，這就是子母圓形圖。以下舉某旅館旅客國籍來源的調查結果為例，說明子母圓形圖的運用時機和方式。

表 2-6　某旅館旅客國籍來源的調查結果

遊客國籍	百分比
美國	20.00%
南韓	25.00%
日本	30.00%
加拿大	15.00%
英國	5.00%
德國	3.00%
法國	2.00%
合計	100.00%

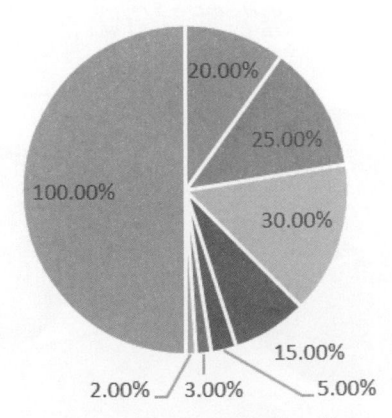

圖 2-29　遊客數圓形圖

該旅館的旅客來源國可以繪製成圖 2-29 的圓形圖，然而部份來源國所佔的比重極低，若繪成一般的圓形圖，會造成讀者閱讀上的困擾，同時可能會模糊原來要表達的焦點。因此，這時候就可以用子母圓形圖來呈現資料。

繪製子母圓形圖時，首先需選取資料範圍，其次，在功能列【插入】的「圖表」中選擇「平面圓形圖」的子母圓形圖圖案，來繪製所需的圖形，其步驟如圖 2-30，而完成的子母圓形圖為圖 2-31。

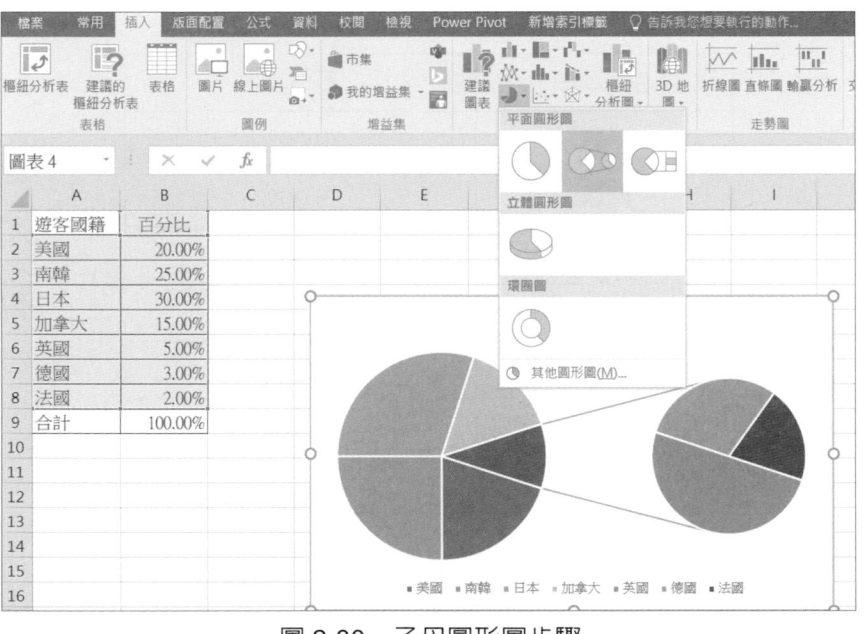

圖 2-30　子母圓形圖步驟

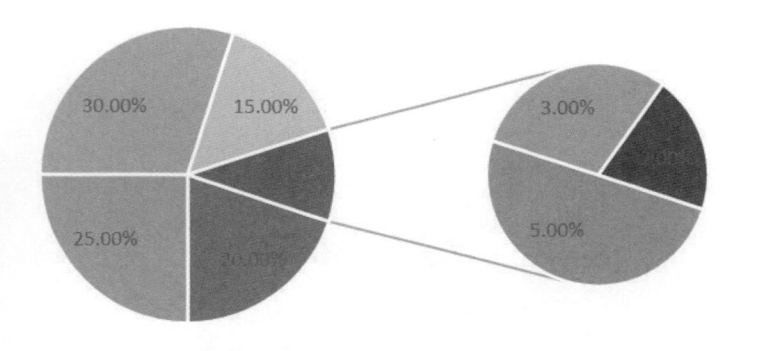

圖 2-31　子母圓形圖

3. 堆疊長條圖

若想要同時要表現在不同時間下，不同項目的結果時，一個時點下的某個項目，就需繪製一條長條圖，這時就可能會讓圖形顯得過於複雜。此時，可考慮將同一項目不同時間的資料，合併成為一條長條圖，透過堆疊長條圖，就可以比較同一項目在不同時間下的比例變化。

以表 2-7 為例，代表某公司 2021-2023 年在電視、電冰箱、洗衣機及冷氣的銷售量，若將每一年份不同商品的銷售量繪製成長條圖，就會出現如圖 2-32 的情形，也就是當需要比較的時間和商品的種類變多，圖形就會變得較為複雜。

表 2-7　某公司 2021-2023 年在電視、電冰箱、洗衣機及冷氣的銷售量

	電視	電冰箱	洗衣機	冷氣	合計
2021 年	6000	3000	5000	3000	17000
2022 年	5000	2500	3500	4500	15500
2023 年	4000	3500	4000	6000	17500

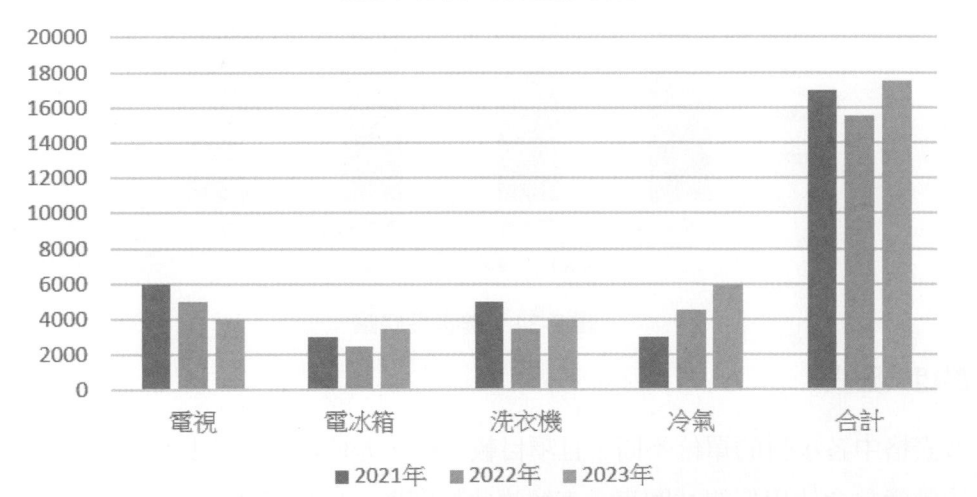

圖 2-32　不同年份不同產品銷售數量長條圖

此時，若想比較某產品在不同年份的銷售趨勢，則可以利用堆疊長條圖來改善這個情形，繪製此種圖形時，首先需選取資料範圍，其次在功能列【插入】的「圖表」中選擇「堆疊直條圖」，來繪製所需的圖形，其步驟如圖 2-33，而完成的堆疊長條圖為圖 2-34。

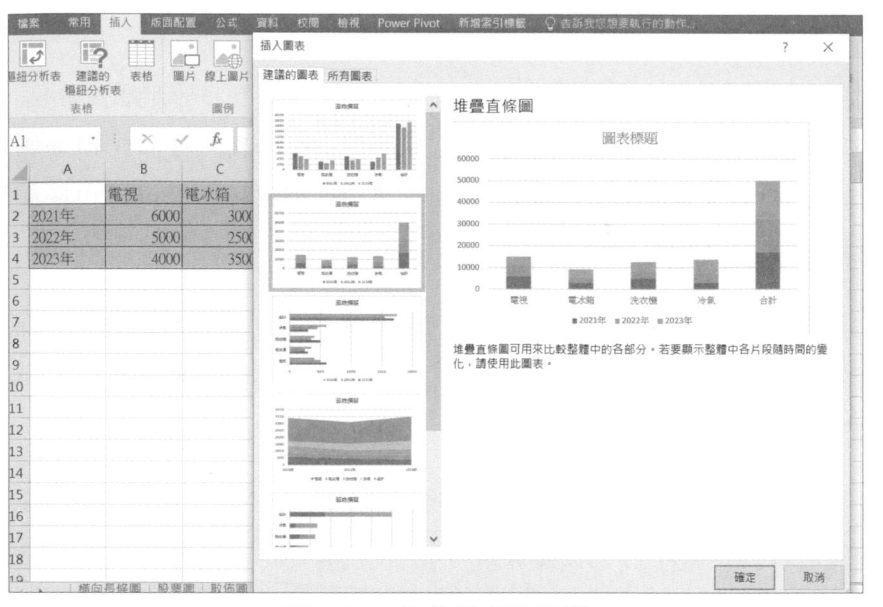

圖 2-33　堆疊長條圖步驟

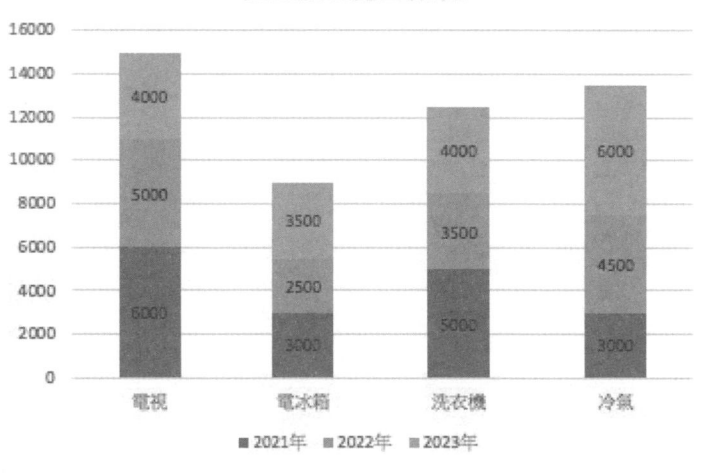

圖 2-34　堆疊長條圖

4. 群組式圖表

當表格中各項目的單位不同，且項目較多時，若使用一般的長條圖，會較難呈現。
我們通常會使用群組式圖表，來解決此類問題。例如表 2-8 代表某公司在不同年度
的營收、毛利及毛利率的資料，營收及毛利是以萬元為單位，毛利率是以百分比為
單位，這時，較適合透過群組式圖表，以長條圖呈現營收和毛利資料，以折線圖呈
現毛利率資料，透過此方式來呈現不同時期下不同單位項目數據的變化，較能讓人
理解。繪製時先選取資料範圍，其次在功能列【插入】的「圖表」中選擇「群組式
圖表」，來繪製所需的圖形，其步驟如圖 2-35，而完成的群組式圖表為圖 2-36。

表 2-8　某公司在不同年度的營收、毛利及毛利率

年度	營收 (萬元)	毛利 (萬元)	毛利率 (%)
2021	2000	1000	50%
2022	3000	1800	60%
2023	3600	2400	66.67%

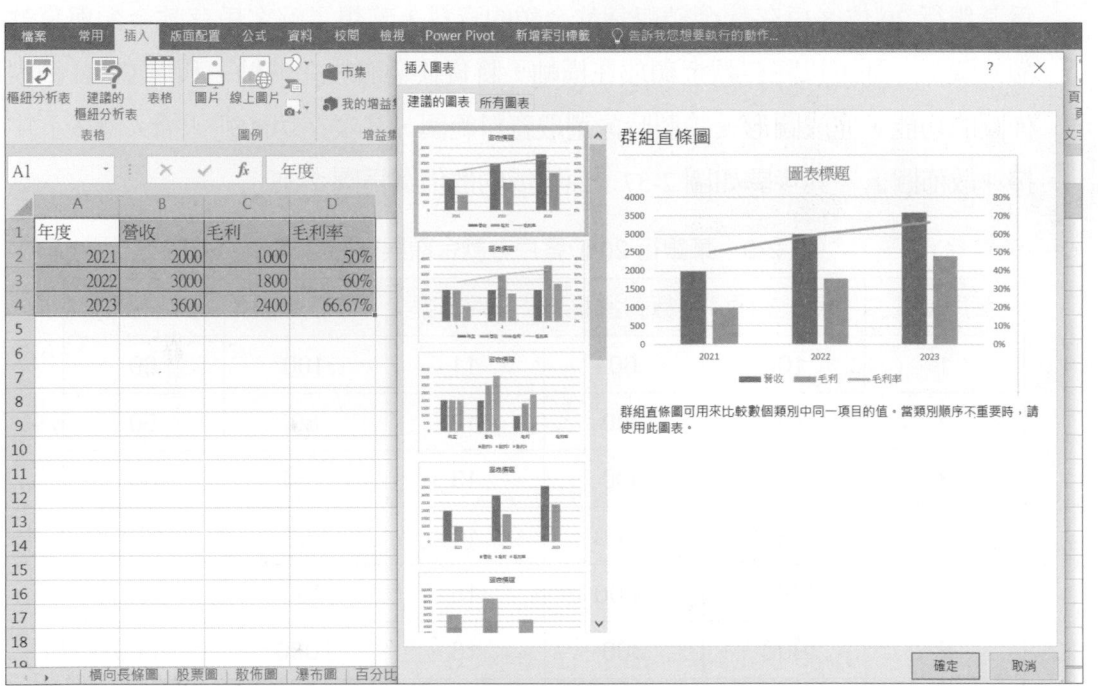

圖 2-35　群組式圖表步驟

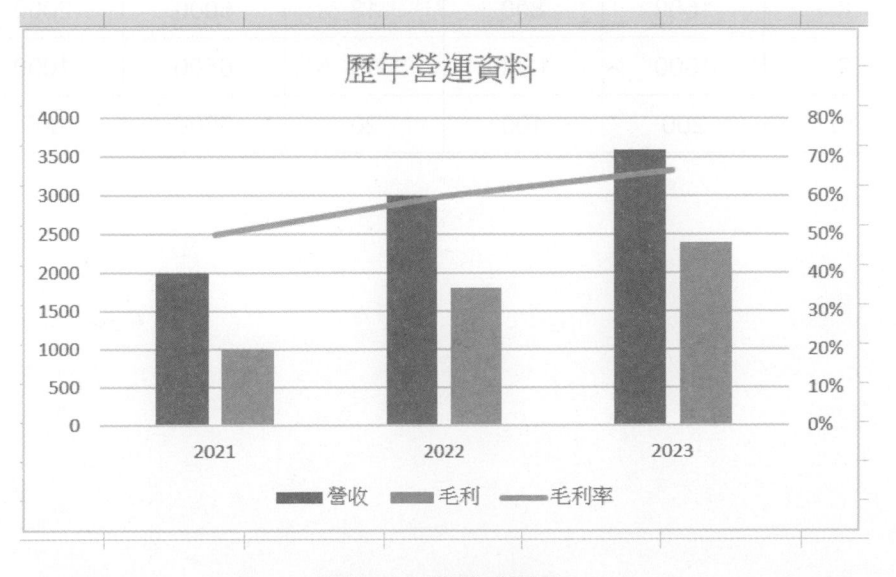

圖 2-36　群組式圖表

5. **散佈圖**

散佈圖是將兩個連續變數的資料，分別列在 X 軸和 Y 軸，藉以了解兩個變數之間的分布狀況或相關性，在繪製時還可以選擇加上**趨勢線**，若資料聚集在**趨勢線**的附近，則代表兩變數的關聯性明顯。例如，我們想了解員工薪資與業績表現是否有關聯性，或是受教育年限與所得是否有相關性，都適合用散佈圖來表現。又如表 2-9 為某銀行 20 位客戶存款金額與貸款金額的資料，若想了解客戶存款金額與貸款金額的關係，則可以將存款金額放在橫軸，將貸款金額放在縱軸，利用 Excel 繪製散佈圖的功能，完成圖形。繪製時先選取資料範圍，其次在功能列「插入圖表」中選擇「散佈圖」，其步驟如圖 2-37，而完成的散佈圖為圖 2-38。

表 2-9　某銀行 20 位客戶存款金額與貸款金額

客戶編號	存款金額	貸款金額	客戶編號	存款金額	貸款金額
1	100	60	11	100	60
2	300	200	12	80	50
3	500	600	13	150	60
4	2000	1200	14	800	400
5	6000	3600	15	700	500
6	600	300	16	7000	3600
7	500	200	17	6000	5000
8	1500	800	18	6000	2000
9	1600	1200	19	6500	1000
10	200	100	20	3600	600

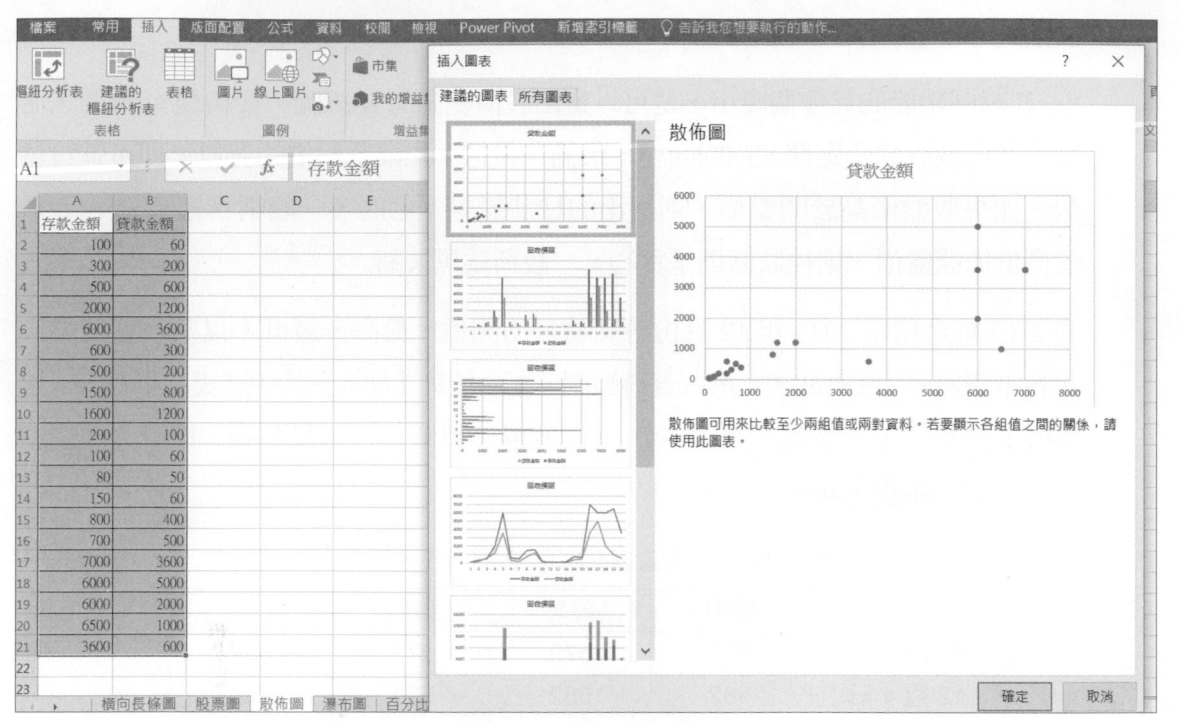

圖 2-37　散佈圖步驟

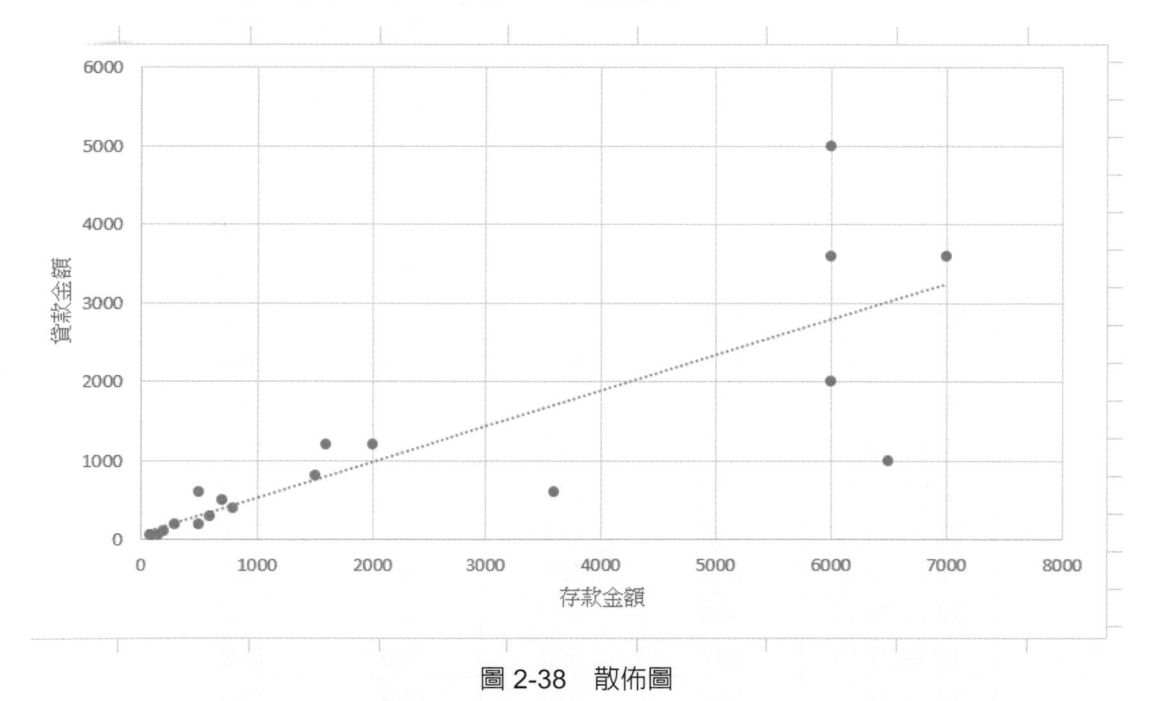

圖 2-38　散佈圖

6. 股票圖

Excel 繪圖功能的另一個應用，是可以畫出股價變動的 K 線圖，要繪製 K 線圖，必須要準備個股於一定期間內的開盤、最高、最低，以及收盤價的資料，即可進行繪製。如果收盤價高於開盤價，則繪出的柱狀體是空心的，一般稱為紅 K 線，若收盤價低於開盤價，則柱狀體則呈實心，一般稱為黑 K 線。

表 2-10 是台積電 2023 年 12 月份各交易日的開盤、最高、最低，以及收盤價格，將各筆資料匯入 Excel 後，選取資料範圍，在功能列【插入】的「圖表」中選擇「股票圖」的功能，再點選「開盤 - 高 - 低 - 收盤股票圖」，如圖 2-39，即可完成股票圖的繪製，如圖 2-40。

表 2-10　台積電 2023 年 12 月份股票資料

交易日期	開盤	最高	最低	收盤
12 月 1 日	573	579	573	579
12 月 4 日	582	582	571	574
12 月 5 日	571	572	567	570
12 月 6 日	568	575	568	570
12 月 7 日	570	573	566	566
12 月 8 日	574	577	570	570
12 月 11 日	572	575	570	574
12 月 12 日	580	581	575	578
12 月 13 日	576	579	576	577
12 月 14 日	581	582	579	582
12 月 15 日	585	586	580	585
12 月 18 日	579	585	577	585
12 月 19 日	588	588	580	585
12 月 20 日	587	587	583	585
12 月 21 日	577	579	575	577
12 月 22 日	582	582	579	582
12 月 25 日	582	585	580	581
12 月 26 日	583	586	582	586
12 月 27 日	587	592	586	592
12 月 28 日	592	593	589	593
12 月 29 日	589	593	589	593

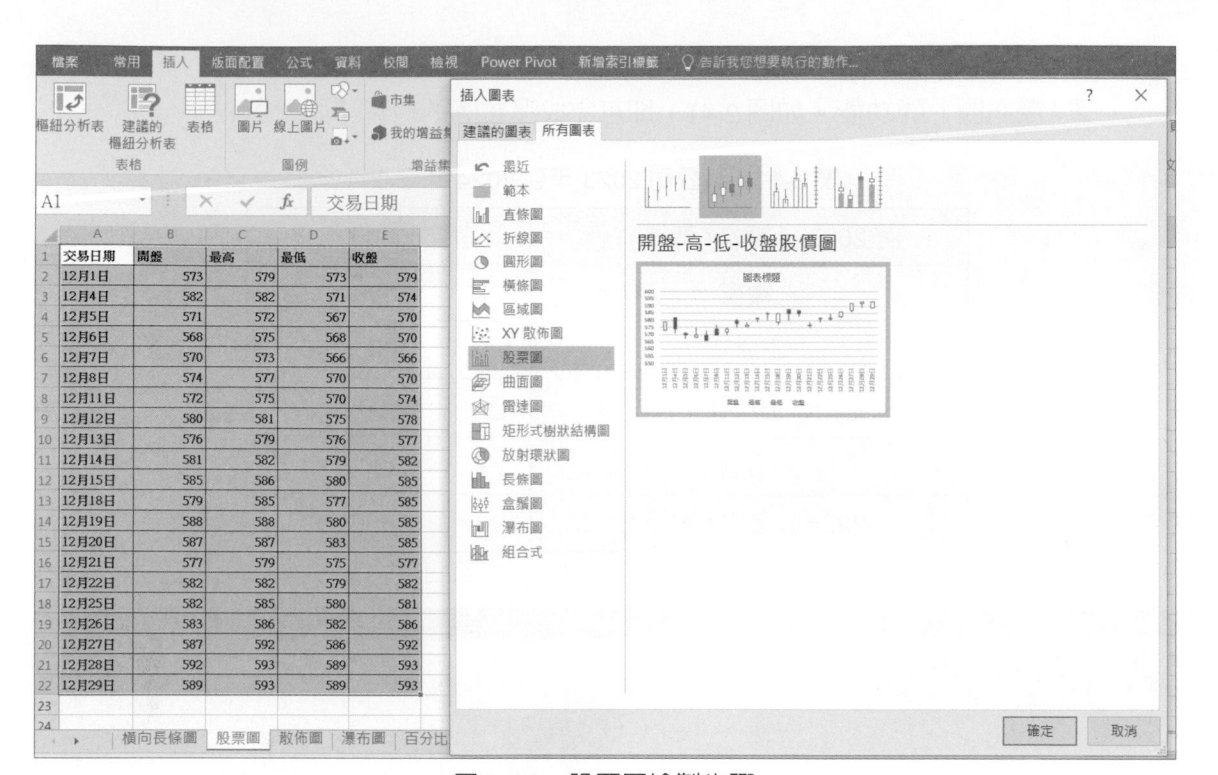

圖 2-39 股票圖繪製步驟

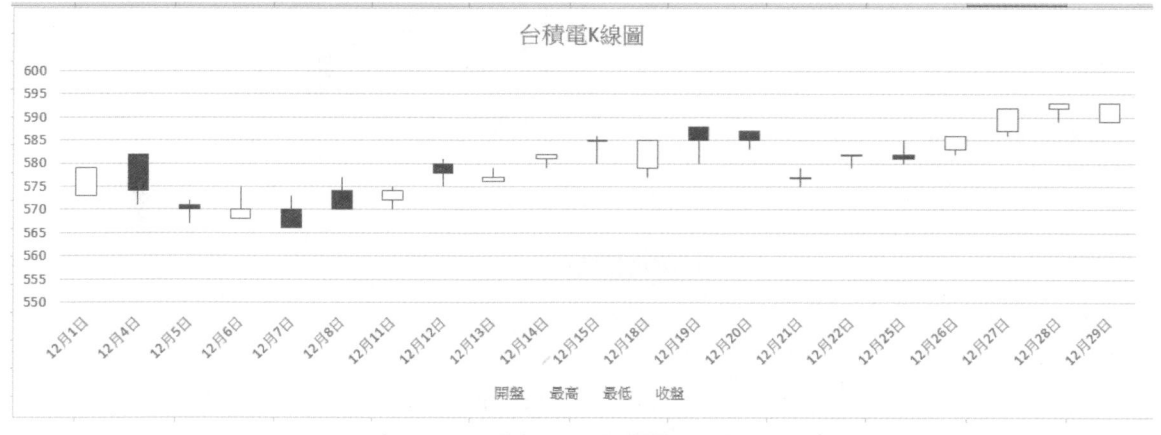

圖 2-40 股票圖

7. 瀑布圖

如果我們希望了解從一個時點到另一個時點數據變化的趨勢，以及想同時了解造成此一變化的原因或組成，瀑布圖就是一個好的工具，例如，我們可以用瀑布圖表示每個月家庭淨現金流量，同時也呈現構成淨現金流量的收入與支出金額。

以表 2-11 為例，為某公司 2023 年到 2024 年營收的變化狀況，同時也列出了各產品營收變化的情形，若想要將這些資料以圖形呈現，這時就可以利用瀑布圖來表

現，將各筆資料匯入 Excel 後，選取資料範圍，在功能列【插入】的「圖表」中選擇「瀑布圖」的功能，如圖 2-41，即可完成瀑布圖的繪製，如圖 2-42。

表 2-11 某公司 2023 年到 2024 年營收

2023 年營收 (萬元)	30000
電視	-2000
電冰箱	-1000
洗衣機	3000
冷氣	2000
2024 年營收 (萬元)	32000

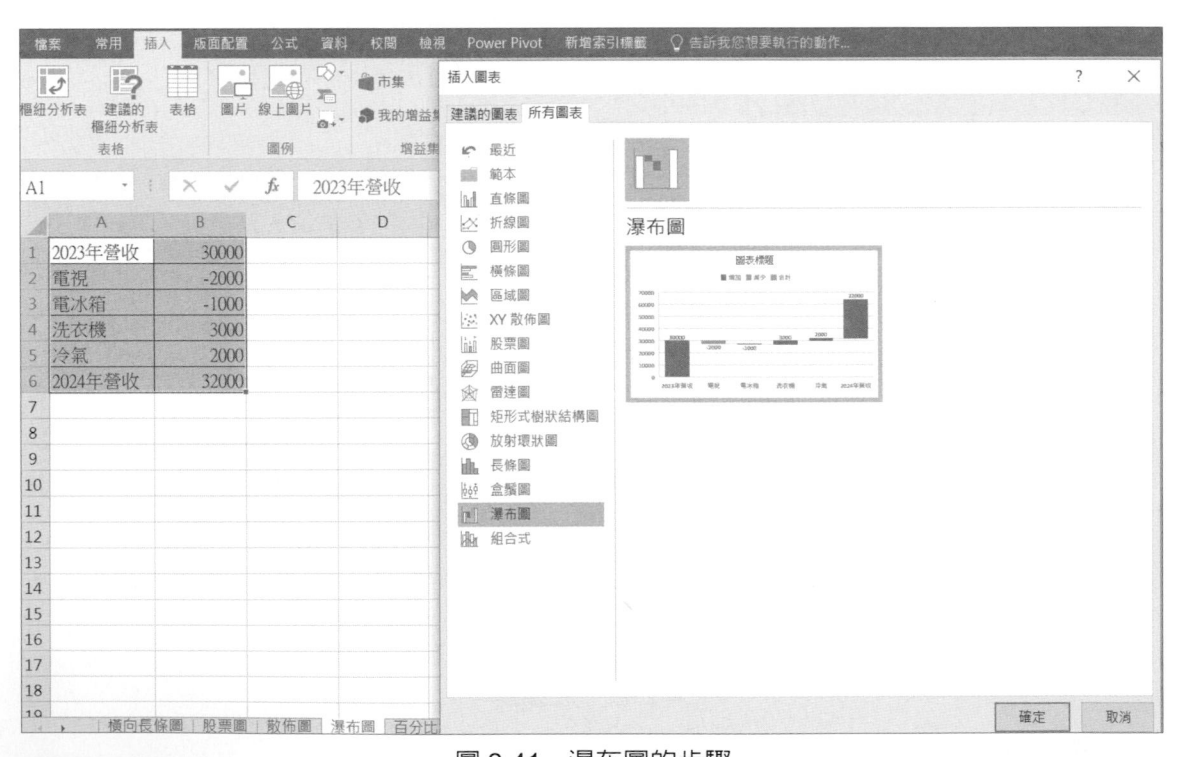

圖 2-41 瀑布圖的步驟

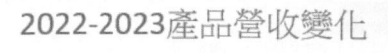

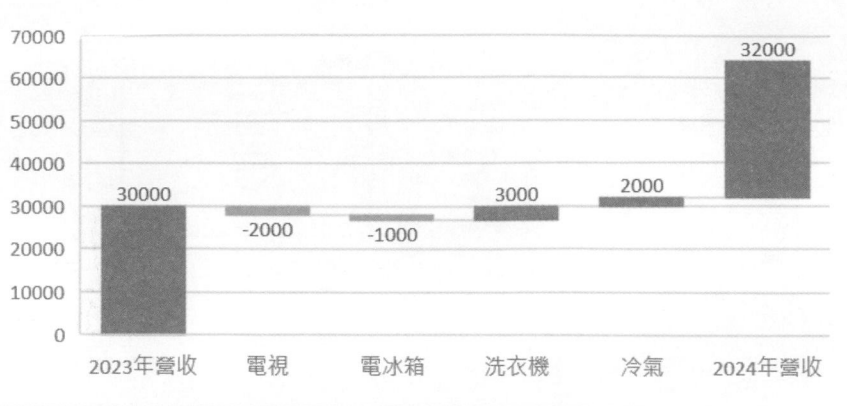

圖 2-42　瀑布圖

8. 雷達圖

雷達圖的主要特色，是將所蒐集到的數據資料，透過多邊形的方式呈現，多邊形中的每個座標軸，能呈現一個或多個項目的資料數據，它的主要優點在於能夠同時呈現多個維度的資訊，藉由觀察多邊形的形狀和大小，可以比較不同項目在各個變數上的表現。雷達圖經常用於市場調查、競爭力分析及績效評估等，以幫助管理者能更了解資料的內涵，且作出相對應的決策。但在這裡必須特別注意的是，使用雷達圖呈現資料時，項目和變數都不適合過多，以免造成解讀上的困難。

表 2-12 是某企業不同分公司預估銷售業績及實際銷售業績的資料，若想要透過圖表呈現及比較不同分公司的預估及實際銷售業績，可以用雷達圖來加以表現。繪製時首先選取資料範圍，在功能列「插入圖表」中選擇「雷達圖」的功能，選擇想要的雷達圖類型，再點選確定，如圖 2-43，即可完成雷達圖的繪製，如圖 2-44。

表 2-12　某企業不同分公司預估銷售業績及實際銷售業績

分公司	預估業績（萬元）	實際業績（萬元）
A 分公司	1000	1200
B 分公司	2000	2500
C 分公司	2500	2000
D 分公司	3500	3000
E 分公司	6000	6600

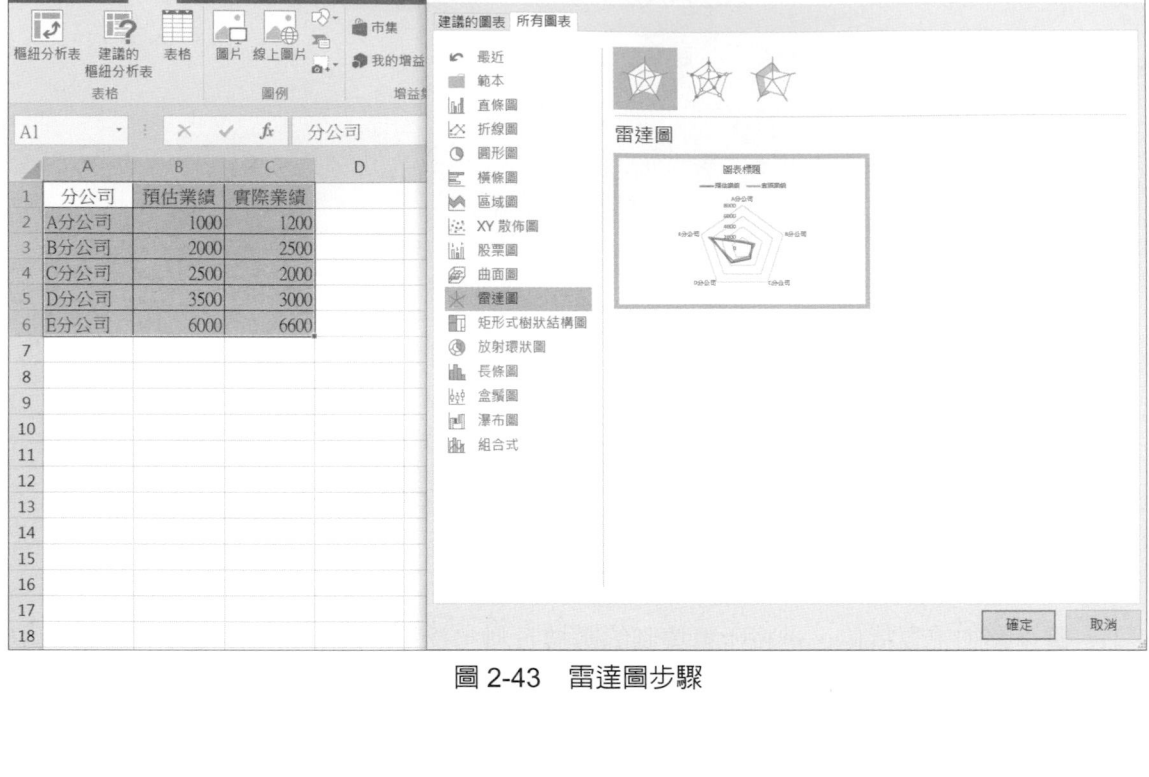

圖 2-43　雷達圖步驟

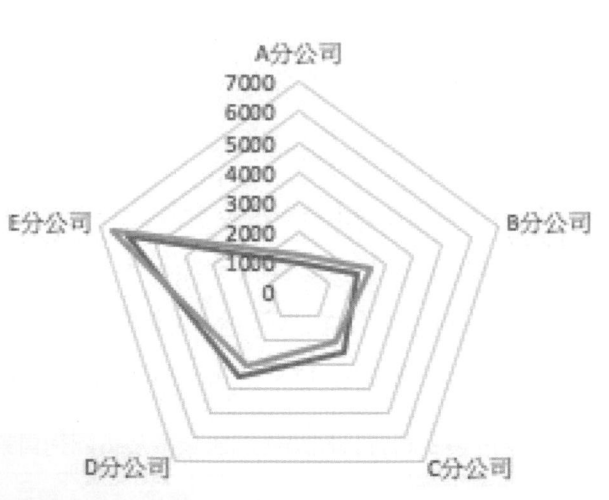

圖 2-44　雷達圖

9. 放射環狀圖

當資料呈現階層式的結構時，用傳統的圓形圖，不足以表現資料細部的結構。這個時候，放射環狀圖就是很好的工具。放射環狀圖的每一個階層均以圓圈呈現，較內層的圓圈，代表相對較高階層，較外層的圓圈，代表相對較低階層，且彼此呈現層級的關聯性。例如一家公司的經營區域，可分為北、中、南三區。在各區之下，又有不同縣市的分公司，若同時要呈現不同區域下不同縣市的銷售業績，即可利用放射環狀圖來表示。

表 2-13 是某公司於不同季度下不同月份產品的銷售數量，若要以放射環狀圖表示，則可將各筆資料匯入 Excel 後，選取資料範圍，在功能列【插入】的「圖表」中選擇「放射環狀圖」的功能，如圖 2-45，即可完成放射環狀圖的繪製，如圖 2-46。

表 2-13　某公司於不同季度下不同月份產品的銷售數量

季度	月份	銷售數量
第一季	1 月	2000
	2 月	1800
	3 月	2000
第二季	4 月	3000
	5 月	3600
	6 月	2800
第三季	7 月	3000
	8 月	3200
	9 月	2600
第四季	10 月	2000
	11 月	2000
	12 月	2200

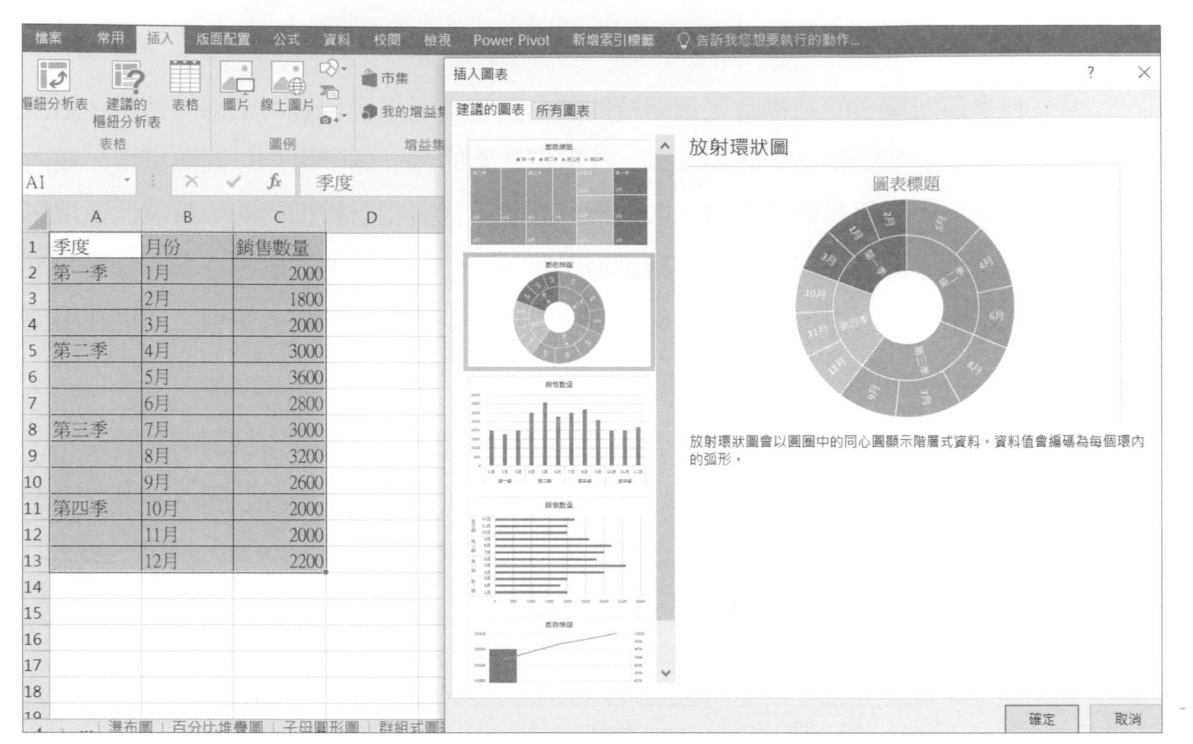

圖 2-45 放射環狀圖步驟

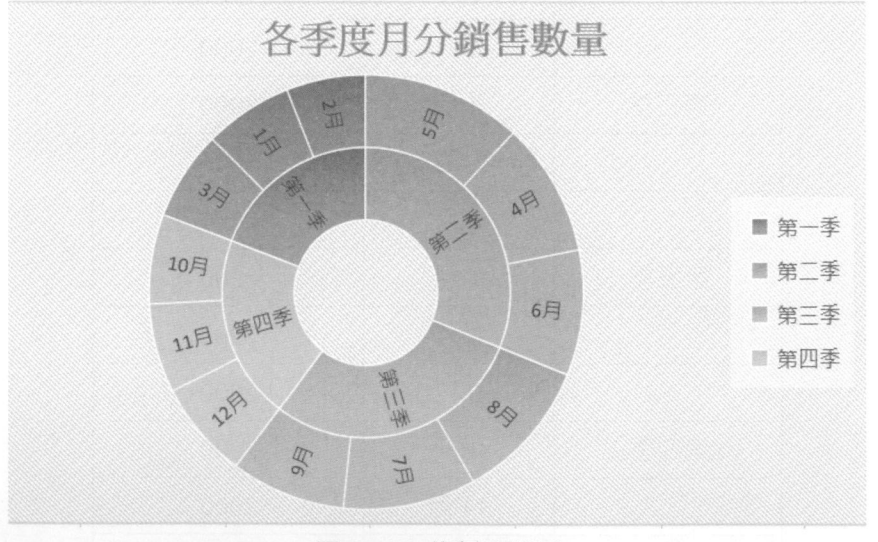

圖 2-46 放射環狀圖

10. 區域圖

區域圖的特點，主要是可以透過圖形，呈現在一定時間內，不同項目資料的變化趨勢，在區域圖中，同一時間不同項目的數據資料，垂直向上堆疊，一個項目數據，始於另一項目數據的頂端，而其總高度，則代表所有項目數據資料的總和，藉此可觀察不同時間點、不同項目的組成。例如我們可以將不同年份台北市各區人口統計

數據，繪製成區域圖，除了可以了解整體台北市人口隨時間的變化趨勢外，也可以進一步了解台北市各區人口隨時間組成的變化。

某公司自 2020-2023 年各區的銷售業績如表 2-14，可以堆疊區域圖，同時呈現歷年各區的銷售金額和整體的銷售總金額，首先，將各筆資料匯入 Excel，選取資料範圍後，在功能列「插入圖表」中選擇「堆疊區域圖」的功能，如圖 2-47，即可完成堆疊區域圖的繪製，如圖 2-48。

表 2-14　某公司自 2020-2023 年各區的銷售業績

年份 區域	2020	2021	2022	2023
北區	2000	3000	3000	2000
中區	1800	3600	3200	2000
南區	2000	2800	2600	2200
東區	1000	1200	1600	1200

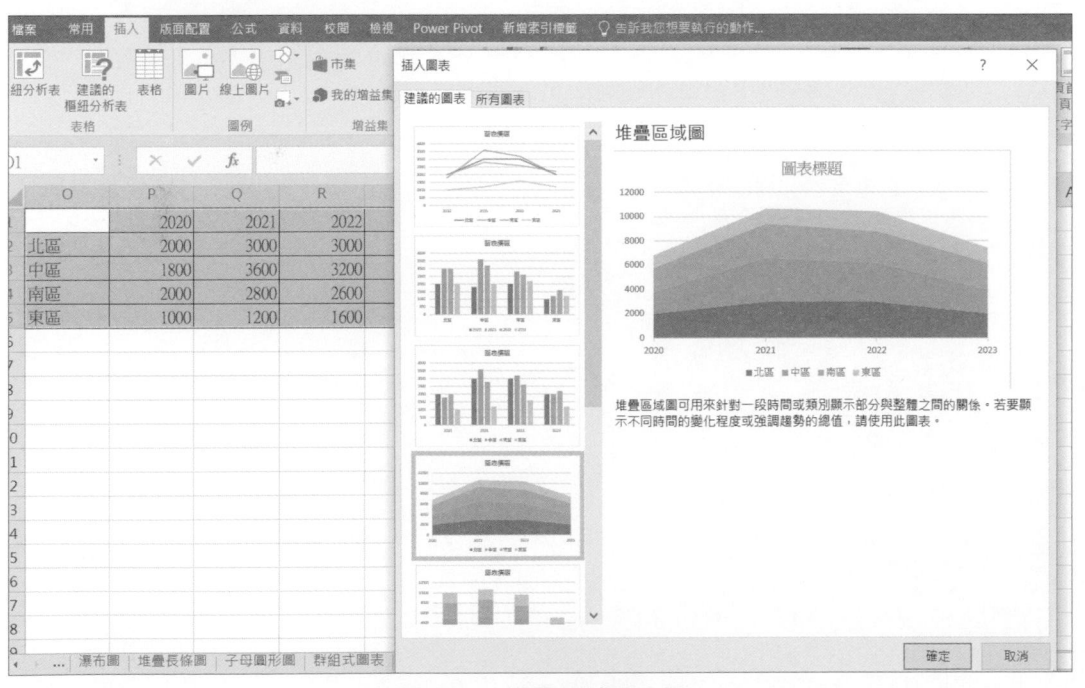

圖 2-47　堆疊區域圖步驟

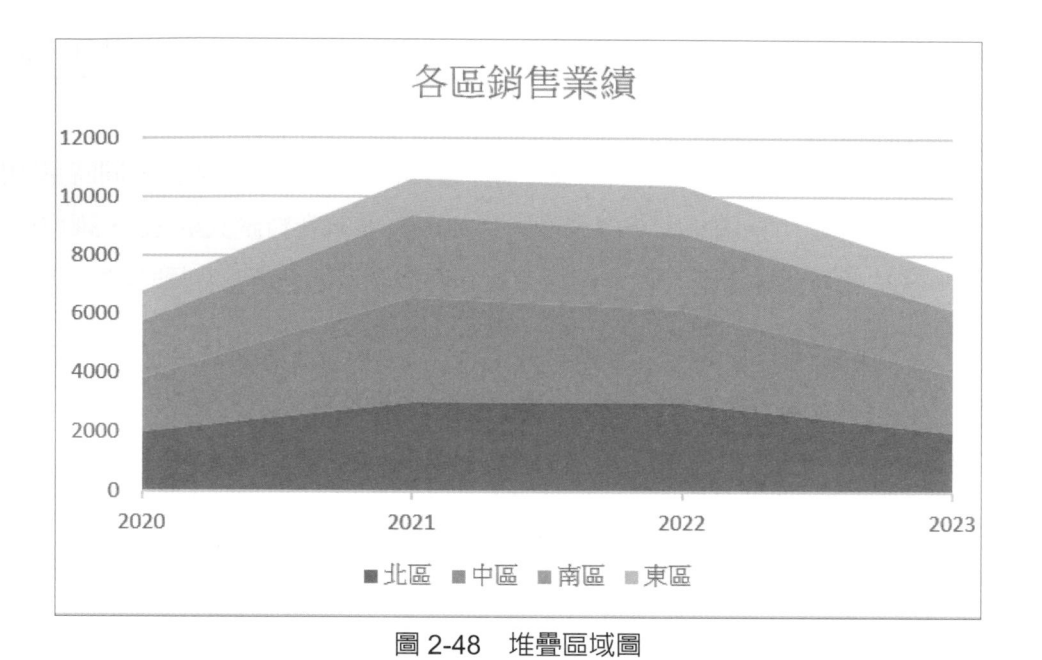

圖 2-48　堆疊區域圖

　　以上針對其他類型圖表及繪製做了簡單的介紹，未來在第四章和第五章，將進一步說明 Excel 圖表工具的詳細實作步驟，以及應用在資料分析上的實際案例。

一、選擇題

(　　) 1.下列何者是屬於質化資料？　(A) 每月飲食費用　(B) 婚姻狀態　(C) 家中人數　(D) 房屋坪數。

(　　) 2.下表為某公司 50 名員工每天通勤時間 (X) 次數分配表，由表中可知，每天通勤時間為少於 30 分鐘有多少人？　(A) 14 人　(B) 36 人　(C) 18 人　(D) 32 人。

組限（分鐘）	次數
$0 \leq X < 10$	6
$10 \leq X < 20$	12
$20 \leq X < 30$	18
$30 \leq X < 40$	9
$40 < X < 50$	5

(　　) 3.承上題，由表中可知，每天通勤時間介於 40 分鐘與 50 分鐘的相對次數為：
(A) 10%　(B) 20%　(C) 25%　(D) 30%。

(　　) 4.若同一份數據資料，分別編製成多種不同組距的次數分配表，則組距最寬的次數分配表：
(A) 各組次數最小　(B) 組數最少　(C) 各組相對次數相等　(D) 組數最多。

(　　) 5.若某車廠想比較前一年與今年公司電動車及傳統燃油車的銷售數量，以下何種圖形比較適合？
(A) 兩長條圖　(B) 兩直方圖　(C) 盒鬚圖　(D) 圓餅圖。

(　　) 6.性別、體重、年齡、職業、電話區域碼、身分證號碼，以上資料中有幾種是質化資料？
(A) 2　(B) 3　(C) 4　(D) 5。

(　　) 7.下列哪種方法，包括搜集、呈現，與適當描述資料的集中和離散程度？
(A) 抽樣　(B) 敘述統計　(C) 統計檢定　(D) 推論統計。

( ) 8. 一般來說，直方圖較適用於呈現_____資料，長條圖較適用於呈現
_____資料

(A) 量化，量化　(B) 質化，量化　(C) 量化，質化　(D) 質化，質化。

( ) 9. 若從縣市政府網站資料庫下載各鄉鎮的人口資料，再利用 Excel 軟體整理，且
以統計圖表來呈現資料的方式屬於：

(A) 應用統計　(B) 敘述統計　(C) 推論統計　(D) 機率統計。

( ) 10. 下列何者屬於量化資料？

(A) 職業別　(B) 經濟成長率　(C) 電話號碼　(D) 班級排名。

二、問答題

1. 有某人隨機選取 30 人作為樣本，詢問其平日最常光顧的連鎖便利商店，紀錄如下表，
請依此項資料，回答下列問題：

(1) 完成次數分配表與相對次數分配表。

(2) 依次數分配表，完成長條圖。

(3) 依相對次數分配表，完成圓形圖。

(4) 依據上述完成的圖表，說明您觀察到了什麼？

7-11	全家	萊爾富	OK	7-11	OK	7-11	萊爾富	7-11	萊爾富
萊爾富	全家	7-11	全家	全家	7-11	萊爾富	7-11	OK	7-11
全家	7-11	全家	全家	7-11	全家	7-11	全家	全家	7-11

2. 以下為 B 公司員工年齡 (X) 的調查資料：22、28、29、26、32、36、28、30、39、
43、23、22、60、45、55、23、32、36、35、33、22、22、26、37、33、62、53、
22、64、36，若將員工年齡分為 5 組，請依此項資料，回答下列問題：

(1) 編製次數分配及累積次數分配表。

(2) 依次數分配表，完成直方圖。

(3) 依累積次數分配表，完成折線圖。

(4) 依據上述完成的圖表，說明您觀察到了什麼？

3. 試根據某群組某次考試 20 人的成績資料：97、66、79、81、45、50、85、85、88、87、63、56、72、78、68、88、88、90、91、93。經分 6 組，請依此項資料，回答下列問題：

(1) 完成下列次數分配及累積次數分配表。

(2) 依次數分配表，完成直方圖。

(3) 依累積次數配表，完成折線圖。

(4) 依據上述完成的圖表，說明您觀察到了什麼？

三、實作題

1. 試從「中華民國統計資訊網」中的「縣市重要統計指標查詢系統」，查詢各縣市最新年度的「家庭收支 - 平均每戶可支配所得 (元)」及「家庭收支 - 平均每戶消費支出 (元)」，分別繪製長條圖，且說明不同縣市可支配所得及每戶消費支出的差異。

2. 試從「中華民國統計資訊網」中的「縣市重要統計指標查詢系統」，查詢台北市、新北市及桃園市最新年度的「0-14 歲人口數（人）」、「15-64 歲人口數（人）」及「65 歲以上人口數（人）」，且分別繪製直方圖，且說明其年齡結構的差異。

3. 試從行政院主計總處「薪情平台」網頁，使用「薪情互動」項目下的「各業薪情概況」功能，針對各行業的經常性薪資與總薪資做比較，說明您觀察到了什麼。

資料的集中趨勢
與離散趨勢

學習目標

當管理者在進行決策前,首先必須要先對資料的特徵和意涵有所了解,當資料型態為質化時,通常會以圖表的方式呈現分析結果,若資料型態為量化時,除了可以圖表的方式呈現資料分布的狀況外,還可以量數的方式呈現資料的各項趨勢,本章的學習目標,在於學習如何了解資料的集中趨勢、離散程度與相對位置,以解讀資料的特性與意涵,提供管理者決策資訊及參考依據。

本章大綱

　　當完成量化資料蒐集之後，通常須加以整理或彙總，才能顯示出資料的特性，以便進一步作爲決策上的應用參考。而如何將此資料正確有效的表現出它的內容與特性，讓使用者能清楚明瞭，則須以有系統的方法加以分析。若想呈現量化資料集中趨勢的特徵，主要的統計量數有平均數（mean）、中位數（median）、與眾數（mode）等；而呈現各個資料（觀測值）與中心位置代表值之間的差異性或離散程度，稱爲離散趨勢，這方面的統計測量數主要有全距（range）、變異數（variance）與標準差（standard deviation）等，若要了解整組資料位置的量數，常用的有中位數（median）、四分位數（quartiles）、十分位數（deciles），及百分位數（percentiles）等，以下將分別加以說明。

▶▶ 3-1　資料的集中趨勢

　　量化資料的集中趨勢分析，是希望能夠精確的找出代表所蒐集資料的中心位置，亦即該組資料的代表數值。這一方面的統計測量數主要有平均數、中位數與眾數，以下依序說明之。

▌3-1-1　平均數

　　平均數是集中趨勢最重要的量數，它可作爲一組資料的代表值，或用於多組資料平均水準的比較。例如一個國家的平均國民所得，可以用來與其他國家的平均國民所得做比較，進而了解該國的發展程度。平均數因其計算方式的不同，又可分爲算術平均數、幾何平均數及調和平均數等三種，本書依需要僅介紹算術平均數，以下均將其簡稱爲平均數，它是一組資料的全部數值加總後除以總個數的值，但由於一組量化資料可能是母體，也可能是由母體中抽樣得到的樣本，因此，符號的呈現上略有不同。

1. 設一組母體量化資料有 N 個數值，以 $x_1, x_2, ..., x_N$ 表示，母體平均數 μ 定義爲：

$$\mu = \frac{x_1 + x_2 + ... + x_N}{N} = \frac{1}{N}\sum_{i=1}^{N} x_i$$

2. 設一組樣本量化資料有 n 個數值，以 $x_1, x_2, ..., x_n$ 表示，樣本平均數 $\bar{x}$ 定義爲：

$$\bar{x} = \frac{x_1 + x_2 + ... + x_n}{n} = \frac{1}{n}\sum_{i=1}^{n} x_i$$

　　上式中的 μ 與 $\bar{x}$ 分別表示母體平均數與樣本平均數的符號，而 N 與 n 分別是母體與樣本量化資料的個數。

例題 3-1

假設某次商業資料分析與應用期中考試後，從甲、乙兩班各隨機抽出 5 人，分別得到甲班 5 位同學的成績為 65、78、53、82、90；乙班 5 位同學的成績為 74、70、66、62、84。試分別算出這兩班同學的平均成績。

解 1

(1) 甲班 5 位同學的平均成績為：

$$\bar{x} = \frac{x_1 + x_2 + ... + x_5}{5} = \frac{1}{5}\sum_{i=1}^{5} x_i = \frac{65 + 78 + 53 + 82 + 90}{5} = 73.6$$

(2) 乙班 5 位同學的平均成績為：

$$\bar{x} = \frac{x_1 + x_2 + ... + x_5}{5} = \frac{1}{5}\sum_{i=1}^{5} x_i = \frac{74 + 70 + 66 + 62 + 84}{5} = 71.2$$

解 2 運用 Excel 函數求解

透過 Excel 完成兩班同學平均成績的步驟如下：

(1) 進入 Excel 工作表，在儲存格「B1」及「C1」分別鍵入「甲班成績」及「乙班成績」。

(2) 將兩班各 5 個同學的成績資料分別鍵入儲存格「B2 至 C6」。

(3) 在儲存格「A7」鍵入「平均成績」，於「B7」儲存格，點選【公式→插入函數】，在「選取函數」選擇「AVERAGE」，公式：=AVERAGE(B2:B6)，如圖 3-1。

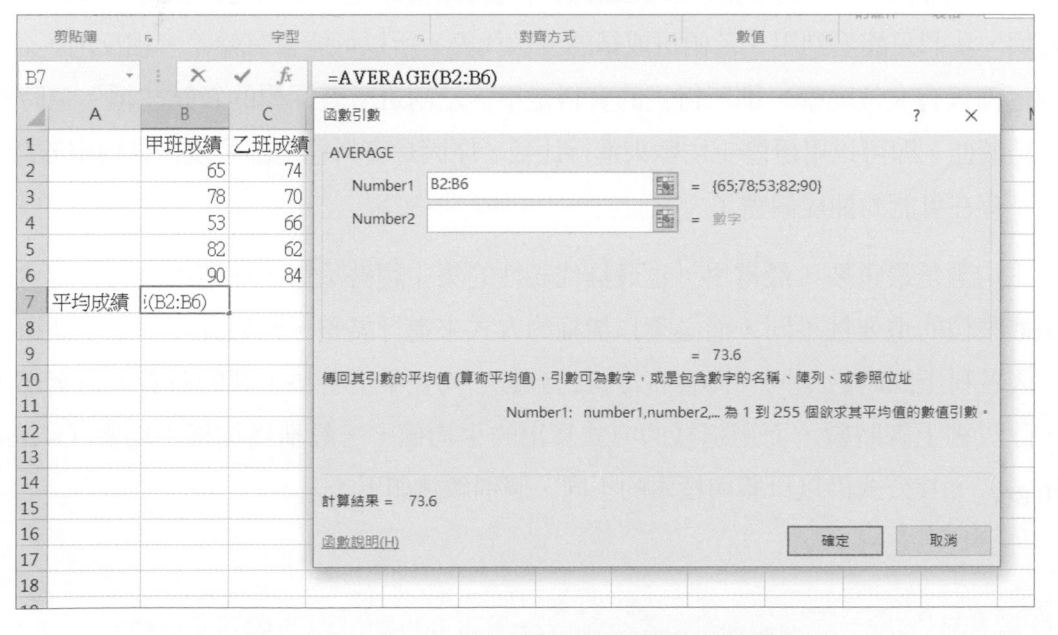

圖 3-1　在 Excel 中 AVERAGE 函數的引數視窗

(4) 按「確定」後，即完成甲班平均成績 73.6，如圖 3-2。

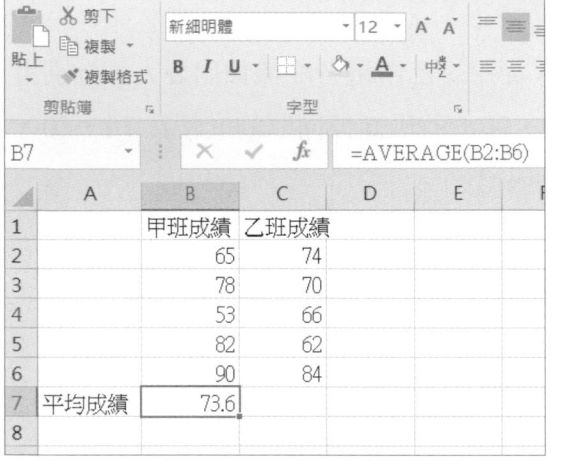

圖 3-2　甲班平均成績　　　　　　圖 3-3　乙班平均成績

(5) 點選儲存格「B7」拖曳至「C7」，得到乙班平均成績 71.2，如圖 3-3。

　　平均數常用來作為多組資料平均水準的比較，在本例中，甲班 5 位同學的平均成績 73.6 分，雖然比乙班 5 位同學的平均成績 71.2 分高，但我們也只能說甲班的抽樣成績比乙班的抽樣成績高，還不能下結論說甲班同學的成績比乙班同學的成績要好，這只能留待進行統計推論時，才能評斷。

　　為何不能說甲班同學的成績比乙班同學的成績要好呢？原因是抽樣是隨機的，隨運氣好壞，我們只能看到甲、乙兩班成績的少數代表，所以可能會有偏差。相反地，若甲、乙兩班都只有 5 位同學，則所得到的資料是甲、乙兩班所有同學的考試成績，這時候哪班成績較佳，即可以用母體平均數來進行比較，原因是資料已全部呈現，且均用於計算，也就不存在可能的抽樣偏差了。

　　平均數是最重要、最常用，也最具代表性的集中趨勢量數，在運用上，有時會因每一個觀察值的重要性不同，而必須以加權的方式來進行調整。例如計算學生學期總成績時，因各科上課時數不同，而會將每科的分數，均先乘上各科上課的時數，再全部加總後，除以總上課時數，而用這樣的方式算出的平均值，一般稱為加權平均數（weighted average），其公式仍以母體與樣本的不同，個別敘述如下：

1. 設一組母體量化資料有 N 個數值，以 $x_1, x_2, ..., x_N$ 表示，且分別各具權數為 $w_1, w_2, ..., w_N$，則母體加權平均數 μ_w 定義為：

$$\mu_w = \frac{w_1 x_1 + w_2 x_2 + \cdots + w_N x_N}{w_1 + w_2 + \cdots + w_N} = \frac{\sum_{i=1}^{N} w_i x_i}{\sum_{i=1}^{N} w_i}$$

2. 設一組樣本的量化資料有 n 個數值，以 $x_1, x_2, ..., x_n$ 表示，且分別各具權數為 $w_1, w_2, ..., w_n$，則樣本加權平均數 $\overline{x}_w$ 定義為：

$$\overline{x}_w = \frac{w_1 x_1 + w_2 x_2 + \cdots + w_n x_n}{w_1 + w_2 + \cdots + w_n} = \frac{\sum_{i=1}^{n} w_i x_i}{\sum_{i=1}^{n} w_i}$$

例題 3-2

大雄上學期修了 8 門課共 20 學分，各科成績如表 3-1，試求學期成績總平均。

科目	學期成績	學分數
國文	82	3
英文	75	3
經營管理概論	70	3
商業資料分析	76	3
經濟學	90	3
歷史通論	88	2
國際商業禮儀	92	2
體育	85	1

解

可先完成表 3-2，再計算出加權後的學期成績總平均。

表 3-2　大雄上學期的加權成績

科目	學期成績 (x_i)	學分數 (w_i)	加權成績 $(w_i x_i)$
國文	82	3	246
英文	75	3	225
經營管理概論	70	3	210
商業資料分析	76	3	228
經濟學	90	3	270
歷史通論	88	2	176
國際商業禮儀	92	2	184
體育	85	1	85
合計		$\sum_{i=1}^{8} w_i = 20$	$\sum_{i=1}^{8} w_i x_i = 1624$

$$\mu_w = \frac{w_1 x_1 + w_2 x_2 + \cdots + w_8 x_8}{w_1 + w_2 + \cdots + w_8} = \frac{\sum_{i=1}^{8} w_i x_i}{\sum_{i=1}^{8} w_i} = \frac{1624}{20} = 81.2$$

平均數雖然是好用的集中趨勢量數，但是當蒐集到的量化資料中含有極端值或離群值（outlier），也就是在一群資料中特別大或特別小的值時，計算結果即會受到影響，導致平均數產生失準現象，而無法真正作為一組資料的代表值，此時可能有必要刪除離群值後，再行計算平均值，應較合乎實際的情況，也較具有代表性，這是在運用平均數進行集中趨勢量數估計時，特別要注意的地方。

3-1-2　中位數

由於平均數對離群值的敏感度很高，當量化資料含有離群值時，平均數的集中趨勢代表性就會受到影響，此時若採用中位數，會是一個較佳的量數。中位數是指將一組蒐集到的量化資料，經由小到大排序後，居於最中間位置的數值。換句話說，也就是在所

有觀察值中，會有一半數值比中位數小，同時另一半數值比中位數大。中位數常以符號 m_e 作代表，計算方式如下：

1. 將蒐集到的一組 n 個量化資料，以 $x_1, x_2, ..., x_n$ 表示，將這 n 個量化資料先由小到大排序而得 $x_{(1)} \leq x_{(2)} \leq ... \leq x_{(n)}$ ；

2. 算出位置指標 $L = \dfrac{n+1}{2}$ 的值；

3. 若 L 為整數，則中位數 $m_e = x_{(L)}$ ；若 L 的值不是整數，則取 L 位置前後兩個數的平均值為 m_e 。

例題 3-3

假設某次商業資料分析與應用期中考試後，從甲、乙兩班各隨機抽出 5 人及 6 人，分別得到甲班 5 位同學的成績為 65、78、53、82、90；乙班 6 位同學的成績為 74、70、66、66、62、84，試分別算出這兩班同學成績的中位數。

解 1

(1) 先將甲班 5 個數值資料排序後可得，$53 \leq 65 \leq 78 \leq 82 \leq 90$；得知 $n = 5$，計算位置指標 L 的值為 3，因 L 的值是整數，故得到中位數：

$$m_e = x_{(3)} = 78$$

(2) 將乙班 6 個數值資料排序後可得，$62 \leq 66 \leq 66 \leq 70 \leq 74 \leq 84$，計算位置指標 L 值是 3.5，故得到中位數：

$$m_e = \frac{x_{(3)} + x_{(4)}}{2} = \frac{66+70}{2} = 68$$

解 2 運用 Excel 函數求解

(1) 進入 Excel 工作表，在儲存格「B1」鍵入「甲班成績」，在儲存格「C1」鍵入「乙班成績」。

(2) 將 5 位學生成績資料分別鍵入儲存格「B2 至 B6」，將 6 位學生成績資料分別鍵入儲存格「C2 至 C7」。

(3) 在儲存格「A8」鍵入「中位數」，於「B8」儲存格，點選【公式→插入函數】在「選取函數」選擇「MEDIAN」，公式：=MEDIAN(B2:B6)，如圖 3-4。

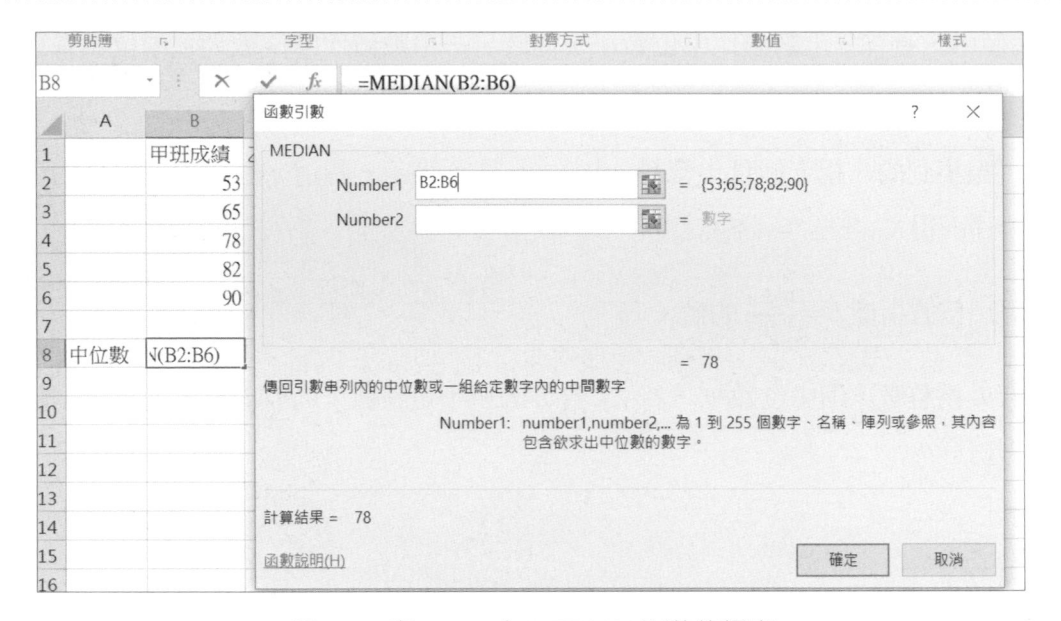

圖 3-4　在 Excel 中 MEDIAN 函數的視窗

(4)　按「確定」後即完成甲班 5 位學生成績中位數為 78 分，如圖 3-5。

圖 3-5　甲班學生成績的中位數

利用同樣方法，於「C8」儲存格，點選【公式→插入函數】在「選取函數」選擇「MEDIAN」，公式：=MEDIAN(C2:C7)，即可得到乙班 6 位學生成績中位數為 68 分。

3-1-3　眾數

眾數（mode）是另一個用來表示資料集中趨勢量數的選項，其定義是指一群觀察值中，出現次數最多的那一個值（或那一個類別）。一般而言，眾數出現的次數若愈懸殊，其集中趨勢的代表性就愈強。眾數如同中位數一樣，較不受離群值的影響，但它可能同時有很多個，也可能一個都沒有。因此在集中趨勢的代表量數中，較少被使用，或只是作為輔助之用。

例題 3-4

假設某次商業資料分析與應用期中考試後，從甲、乙兩班各隨機抽出 5 人及 6 人，分別得到甲班 5 位同學的成績為 65、78、53、82、90；乙班 6 位同學的成績為 74、70、66、66、62、84，試分別算出這兩班同學成績的眾數。

解 1

(1) 因為 5 個數值均只出現一次，無出現最多次者，因此甲班成績無眾數。

(2) 6 個數值只有 66 出現兩次，其餘各只出現 1 次，乙班成績眾數為 66 分。

解 2　運用 Excel 函數求解

(1) 進入 Excel 工作表，在儲存格「B1」鍵入「甲班成績」，在儲存格「C1」鍵入「乙班成績」。

(2) 將 5 位學生成績資料分別鍵入儲存格「B2 至 B6」，將 6 位學生成績資料分別鍵入儲存格「C2 至 C7」。

(3) 在儲存格「A8」鍵入「眾數」，於「B8」儲存格，點選【公式→插入函數】，在「選取函數」中選擇「MODE」，公式：=MODE(B2:B6)，得到 #N/A，表示甲班 5 位學生的成績並無眾數存在，於「C8」儲存格，輸入公式：=MODE (C2:C7)，即可得到乙班 6 位學生成績眾數為 66 分，如圖 3-6。

C8			f_x	=MODE(C2:C7)	
	A	B	C	D	E
1		甲班成績	乙班成績		
2		53	62		
3		65	66		
4		78	66		
5		82	70		
6		90	74		
7			84		
8	眾數	#N/A	66		

圖 3-6　甲乙兩班學生成績的眾數

▶▶ 3-2　資料的離散趨勢

雖然透過量化資料的集中趨勢分析，可以找出代表所蒐集資料的中心位置代表值，但我們也可清楚的理解，並非所蒐集資料的值都等於這個代表值。因此，有必要將各個觀測值與中心位置代表值之間的差異性或離散程度作一量測與呈現，此即離散程度值。這一方面的統計測量數主要有全距、變異數與標準差等，以下將依序說明。

▍ 3-2-1　全距

全距是指一組量化資料中，最大值與最小值的差距，以 R 作代表，可寫成：

$$R = 最大值 - 最小值$$

全距是衡量量化資料離散程度一個非常簡易的方式，因為只用到資料中的最大值與最小值，故其缺點是忽略了對於中間剩下的各觀察值間分散程度之衡量，故較不精確，也易受極端值的影響。

例題 3-5

假設某次期中考試後，從甲、乙兩班各隨機抽出 5 人，分別得到甲班 5 位同學的成績為 65、78、53、82、90；乙班 5 位同學的成績為 74、70、66、62、84。試求甲、乙兩班期中考成績全距各是多少？

解

(1) 甲班 5 位同學的成績為 65、78、53、82、90；全距 $R = 90 - 53 = 37$。

(2) 乙班 5 位同學的成績為 74、70、66、62、84；全距 $R = 84 - 62 = 22$。

由此可見，從全距的觀點，甲班 5 位同學的成績差異性（離散程度），比乙班 5 位同學的成績差異性來得大。

▌3-2-2　變異數

當我們以平均數作爲量化資料中心位置代表值時，各資料間離散程度的衡量，即是將各個觀測值與平均值之間的差異性（離散程度）的某種量測值，一般最常用的量測方式之一，稱爲變異數，過程中須先算出平方離差，它是是對每一個觀察值減去平均值後取其平方得到的值，其計算方式如下：

母體資料的平方離差：$(x_1 - \mu)^2, (x_2 - \mu)^2, ..., (x_N - \mu)^2$

樣本資料的平方離差：$(x_1 - \bar{x})^2, (x_2 - \bar{x})^2, ..., (x_n - \bar{x})^2$

在完成資料的平方離差之後，取其平均值，即成爲變異數，其計算式如下：

對母體資料而言，其變異數以符號 σ^2 表示：

$$\sigma^2 = \frac{\sum_{i=1}^{N}(x_i - \mu)^2}{N}$$

對樣本資料而言，其變異數以符號 s^2 表示：

$$s^2 = \frac{\sum_{i=1}^{n}(x_i - \bar{x})^2}{n-1}$$

值得注意的是，上述在求算樣本變異數的計算式中，其分母爲 $n-1$，而非直覺的 n，其理由是，s^2 中含有的 $\bar{x}$ 需先算出，而已知的 $\bar{x}$ 會讓原來 $x_1, x_2, ..., x_n$ 的 n 個變量只剩下 $n-1$ 個可以自由變動，因此，s^2 的自由度爲 $n-1$，故計算樣本變異數時以 $n-1$ 取代 n。

因爲變異數得自於離差值的平方，故變異數不會有負數，且其值愈大，代表資料群的分散程度愈大，它是衡量資料離散程度一個很好的量測值。但變異數有一個缺點，其值得自於離差值的平方，導致計算之後的單位也會帶著平方，致使其單位可能不具意義，或單位意義變調，例如一家商店每日營收的變異數其單位爲元 ^{2}，不具意義，造成解釋不易。因此，若能將變異數的值開根號，還原爲原計算單位，再用來代表資料離散程度的量測值，較爲合理。

例題 3-6

假設某次期中考試後，從甲、乙兩班各隨機抽出 5 人，分別得到甲班 5 位同學的成績為 65、78、53、82、90；乙班 5 位同學的成績為 74、70、66、62、84。試分別求算出甲、乙兩班各 5 位同學的成績之變異數，且比較出兩班成績離散程度的大小。

解 1

(1) 先算出甲班的樣本平均值為：$\bar{x} = 73.6$，乙班的樣本平均值為：$\bar{x} = 71.2$。

(2) 先算出甲乙兩班的平方離差總和，如表 3-3。

甲班的平方離差總和為：$\sum\limits_{i=1}^{5}(x_i - \bar{x})^2 = 857.2$，

乙班的平方離差總和為：$\sum\limits_{i=1}^{5}(x_i - \bar{x})^2 = 284.8$

表 3-3　甲、乙兩班各 5 位同學的成績

甲班同學成績 (x_i)	$(x_i - 73.6)$	$(x_i - 73.6)^2$	乙班同學成績 (x_i)	$(x_i - 71.2)$	$(x_i - 71.2)^2$
65	-8.6	73.96	74	2.8	7.84
78	4.4	19.36	70	-1.2	1.44
53	-20.6	424.36	66	-5.2	27.04
82	8.4	70.56	62	-9.2	84.64
90	16.4	268.96	84	12.8	163.84
合計		857.2	合計		284.8

(3) 算出兩班成績的變異數：

甲班成績的變異數為：$s^2 = \dfrac{857.2}{5-1} = 214.3$，

乙班成績的變異數為：$s^2 = \dfrac{284.8}{5-1} = 71.2$。

因為甲班考試成績的變異數為 214.3，大於乙班的 71.2，故甲班成績的離散程度較大。

解 2）運用 Excel 函數求解

透過 Excel 完成兩班同學成績的變異數，其步驟如下：

(1) 進入 Excel 工作表，在儲存格「B1」及「C1」分別鍵入「甲班成績」及「乙班成績」。

(2) 將兩班各 5 個同學的成績資料分別鍵入儲存格「B2 至 C6」

(3) 在儲存格「A7」鍵入「樣本變異數」，於「B7」儲存格，點選【公式→插入函數】，
在「選取函數」中選擇「VAR.S」，公式：= VAR.S (B2:B6)，如圖 3-7。

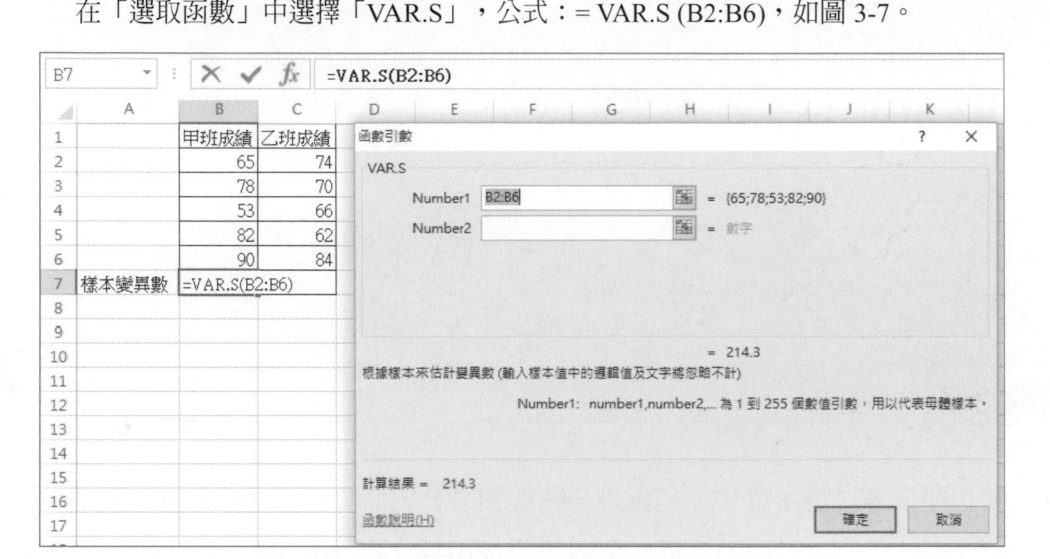

圖 3-7　在 Excel 中 VAR.S 函數的視窗

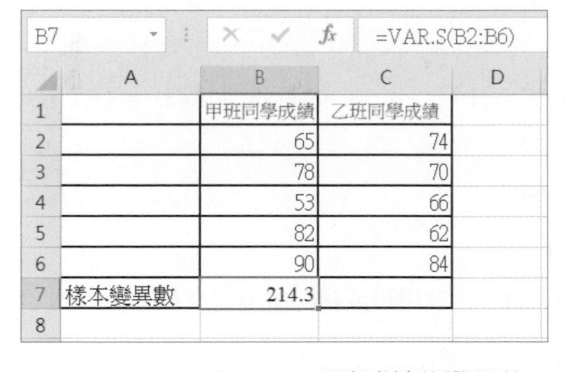

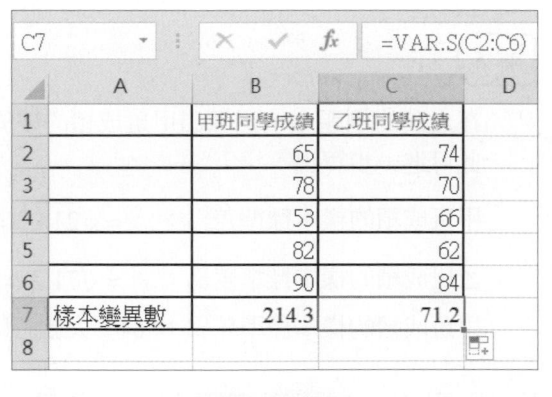

圖 3-8　甲班成績的變異數　　　圖 3-9　乙班成績的變異數

(4) 按「確定」後即完成甲班成績的變異數為 214.3，如圖 3-8。。

(5) 點選儲存格「B7」拖曳至「C7」，即可得到乙班成績變異數 71.2，如圖 3-9。

▌ 3-2-3 標準差

標準差可說是衡量資料離散程度最具代表性的量測值，是將前述計算出的母體或樣本變異數再開根號，還原資料在現實世界中的單位，成為衡量資料離散程度的標準量測值，故稱為標準差。當求出母體或樣本的變異數之後，其標準差計算式分別如下：

對母體資料而言，其標準差以符號 σ 表示：

$$\sigma = \sqrt{\sigma^2}$$

對樣本資料而言，其標準差以符號 s 表示：

$$s = \sqrt{s^2}$$

例題 3-7

假設某次期中考試後，從甲、乙兩班各隨機抽出 5 人，分別得到甲班 5 位同學的成績為 65、78、53、82、90；乙班 5 位同學的成績為 74、70、66、62、84。試分別求算出甲、乙兩班各 5 位同學的成績之標準差。且比較兩班成績離散程度的大小。

解 1

在之前的例題中，已算出甲班成績的變異數 $s^2 = 214.3$，乙班成績的變異數 $s^2 = 71.2$。依此可進一步算出：

甲班成績的樣本標準差為：$s^2 = \sqrt{214.3} = 14.64$。

乙班成績的樣本標準差為：$s^2 = \sqrt{71.2} = 8.44$。

甲班成績的樣本標準差為 14.64，大於乙班的 8.44，因此甲班成績的離散程度較大。

解2）運用 Excel 函數求解

(1) 進入 Excel 工作表，在儲存格「B1」及「C1」分別鍵入「甲班成績」及「乙班成績」。

(2) 將兩班各 5 個同學的成績資料分別鍵入儲存格「B2 至 C6」，在儲存格「A7」鍵入「樣本標準差」。

(3) 於「B7」儲存格，點選【公式→插入函數】，在「選取函數」中選擇「STDEV.S」，公式：= STDEV.S(B2:B6)，如圖 3-10。

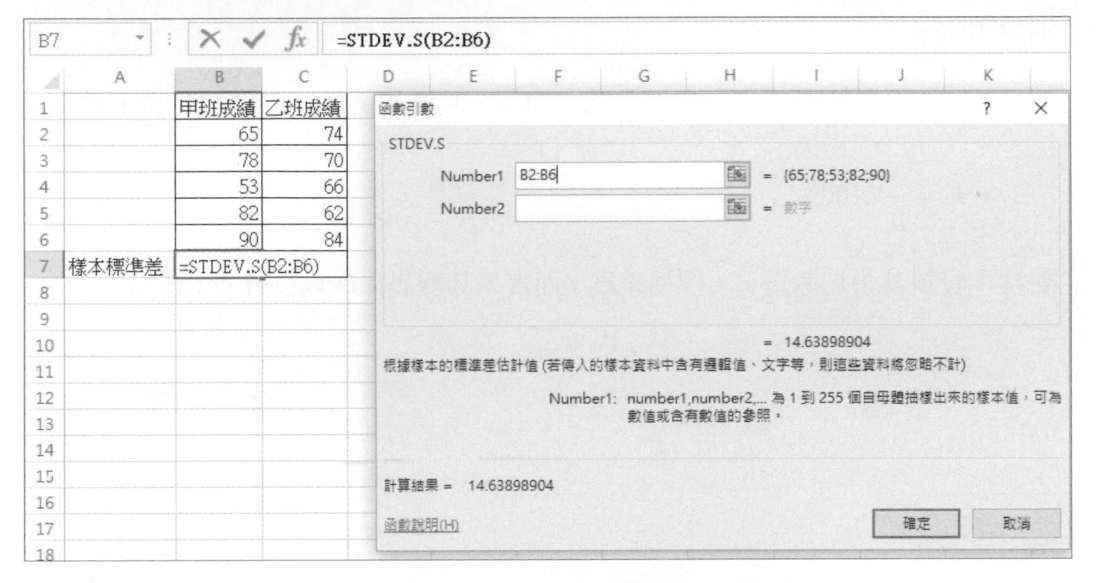

圖 3-10　在 Excel 中 STDEV.S 函數的引述視窗

(4) 按「確定」後即完成甲班成績的標準差為 14.64，如圖 3-11。

(5) 點選儲存格「B7」拖曳至「C7」，即可得到乙班成績的標準差 8.44，如圖 3-12。

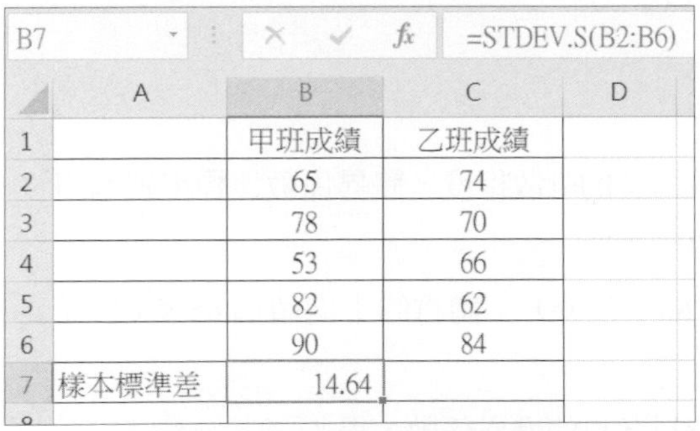

圖 3-11　甲班成績的標準差 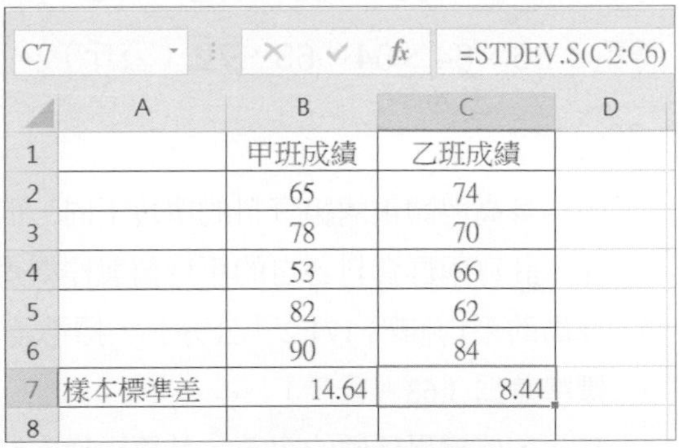　　　　　　　　圖 3-12　乙班成績的標準差

▌ 3-2-4　變異係數

前面介紹了資料的集中趨勢量數與分散程度量數，且說明平均數及標準差個別為集中趨勢量數與分散程度量數中最重要的指標。然而，當要比較的資料群組其單位不同，或單位相同但數值差異甚大時，單純的標準差不能單獨作為比較資料群組的分散程度大小，此時必須運用變異係數（coefficient of variation, CV），它是一種相對差異量數，其定義為將一組資料的標準差除以其平均數所得的百分比值。依母體或樣本資料的不同，可分別說明如下：

對母體資料其平均數為 μ，標準差為 σ 而言，其變異係數以符號 C.V. 表示為：

$$C.V. = \frac{\sigma}{\mu} \times 100\%$$

對樣本資料其平均數為 $\bar{x}$，標準差為 s 而言，其變異係數以符號 c.v. 表示為：

$$c.v. = \frac{s}{\bar{x}} \times 100\%$$

例題 3-8

由全校三年級同學中，隨機調查五位男同學的身高及體重資料如下，試比較其分散程度大小。

身高：175、165、168、172、176（公分）。

體重：66、64、64、63、72（公斤）。

解

因為身高與體重兩組資料的單位不同，欲比較二者的分散程度，變異係數比標準差適用。首先，計算兩群資料各自的平均值與標準差，得到：

身高的平均值為 171.2（公分），標準差為 4.66（公分）；體重的平均值為 65.8（公斤），標準差為 3.63（公斤）。

其次，依變異係數的定義，計算兩樣本群組資料各自的變異係數，得：

身高的變異係數 $c.v. = \dfrac{4.66}{171.2} \times 100\% = 2.72\%$。

體重的變異係數 $c.v. = \dfrac{3.63}{65.8} \times 100\% = 5.52\%$。

比較兩個變異係數的值得知，雖然身高的標準差大於體重的標準差，但體重的變異係數較大，因此其分散程度較大。

3-2-5　利用 Excel 進行敘述統計分析

　　前面本章已介紹如何利用 Excel 的個別函數，求算一組資料的集中趨勢及離散趨勢量數，以下將以例題 3-9 進一步說明如何透過 Excel 的資料分析功能，一次求出一組資料的平均數、中位數、眾數、全距、變異數及標準差。

例題 3-9

假設某次商業資料分析與應用期中考試後，從該班隨機抽出 6 位同學，其成績為 74、70、66、66、62、84，試利用 Excel 的資料分析功能，求出該班同學成績的平均數、中位數、眾數、全距、變異數及標準差。

解

(1) 進入 Excel 工作表，在儲存格「A1」鍵入「商業資料分析成績」。

(2) 將該班各 6 個同學的成績資料分別鍵入儲存格「A2 至 A7」。

(3) 點選功能表中的【檔案】，再點選【選項】，進入 Excel 選項畫面，如圖 3-13。

(4) 點選【增益集】，接著點選【分析工具箱】及【執行】後，按下「確定」，即會出現增益集視窗，再勾選【分析工具箱】項目，按下「確定」，如圖 3-14。

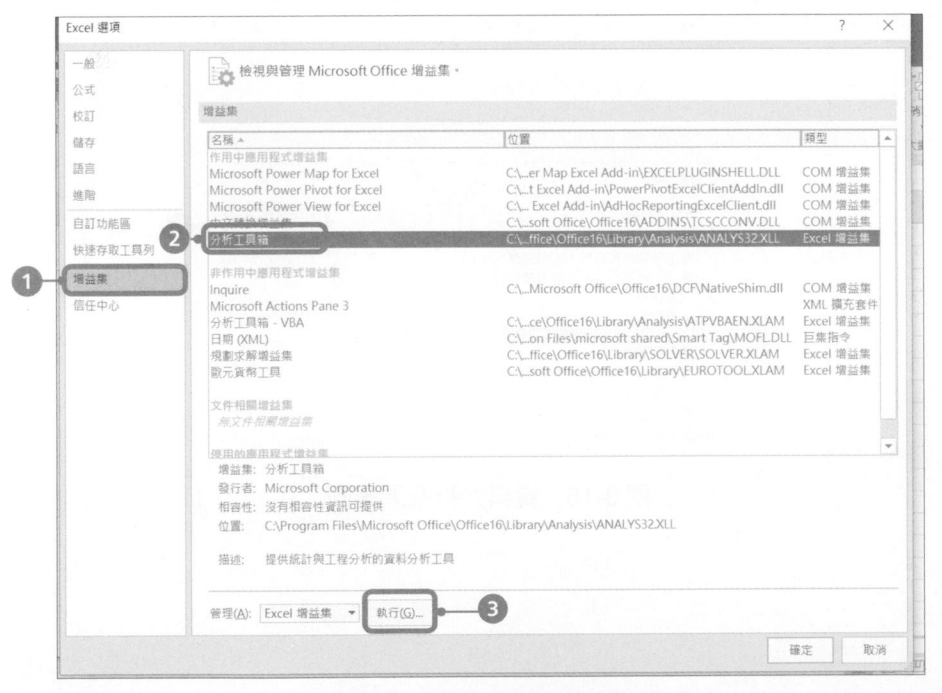

圖 3-13　Excel 選項畫面

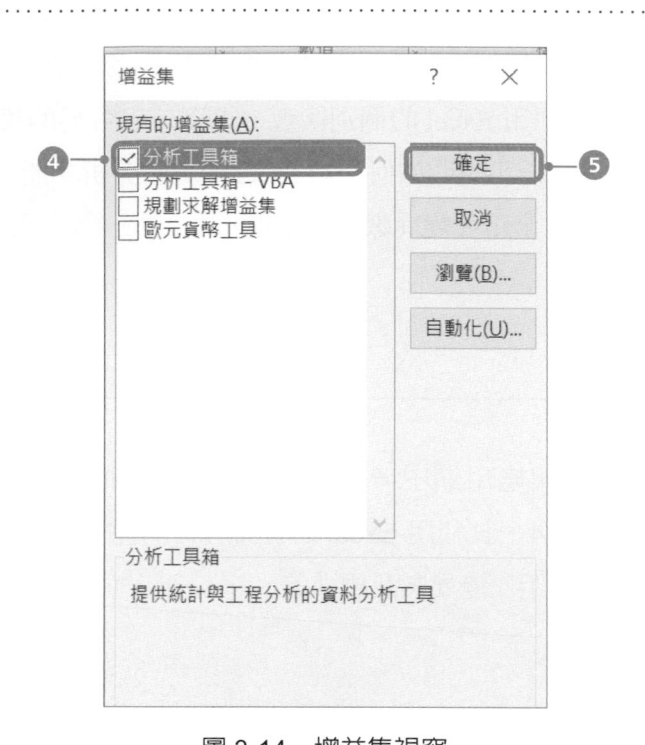

圖 3-14　增益集視窗

(5) 點選【資料→資料分析】，再勾選【敘述統計】，按下「確定」，如圖 3-15。

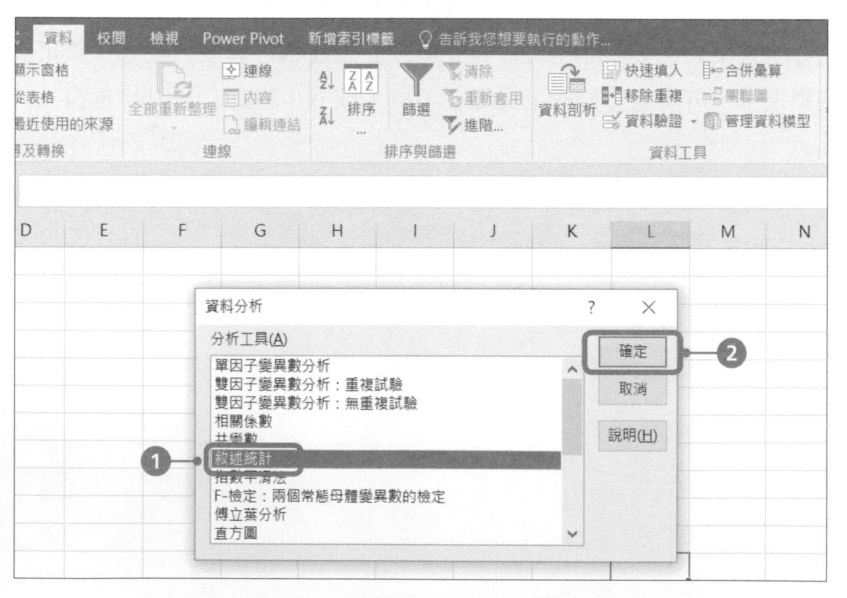

圖 3-15　資料分析選項畫面

(6) 進入敘述統計畫面，選取輸入範圍 $A$1:$A$7，勾選【類別軸標記是在第一列上】，於輸出範圍鍵入 C1，勾選【摘要統計】，再按下「確定」，如圖 3-16。

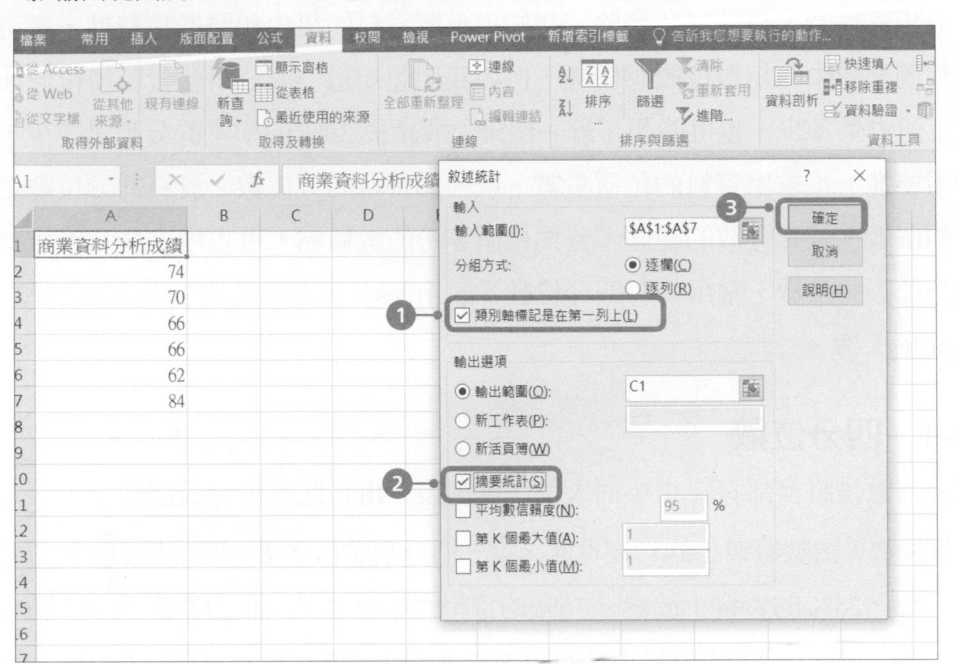

圖 3-16　敘述統計視窗

(7) 呈現摘要統計結果，如圖 3-17，因此商業資料分析成績平均數 = 70.33、中位數 = 68、眾數 = 66、全距 = 22、變異數 = 61.47 及標準差 = 7.84。

圖 3-17　摘要統計結果

➤➤ 3-3　資料的相對位置

在分析資料時，有時候我們除了想知道整體資料的集中和離散趨勢外，還可能會對資料在整個群體中的相對位置感興趣，例如我們想知道一家公司薪資所得位於前四分之一的員工薪資是多少，也可能想了解一個班上成績後 30% 的學生的分數是多少，這時我們就必須要進一步求出資料的位置量數，或稱為資料的分位數。資料的分位數是指將一群資料的個數，依其分散的範圍，分為幾個等份的數值點，可以用來測量整組資料中非中心部分位置的量數，常用的有四分位數（quartiles）、十分位數（deciles）及百分位數（percentiles）等。

▌3-3-1　四分位數

四分位數是將全部資料由小而大依序排列後，再將此序列分為四等分，其分割點即稱為四分位數。由數值較小的一端算起，第一個分割點稱為第 1 四分位數，常以 Q_1 表示，其意義代表有 25% 的資料小於 Q_1，75% 的資料大於 Q_1；第二個分割點為第 2 四分位數，常以 Q_2 表示，表示 50% 的資料小於 Q_2，50% 的資料大於 Q_2，等同於中位數；第三個分割點稱為第 3 四分位數，常以 Q_3 表之，表示 75% 的資料小於 Q_3，25% 的資料大於 Q_3。一般的計算方式如下：

1. 將蒐集到的一組 n 個量化資料，以 $x_1, x_2, ..., x_n$ 表示，將這 n 個量化資料先由小到大排序而得 $x_{(1)} \le x_{(2)} \le ... \le x_{(n)}$。

2. 算出 Q_i 的位置指標 $L = \dfrac{i \times n}{4}$ 的值，其中 $i = 1, 2, 3$。

3. 若 L 為整數，則四分位數 $Q_i = \dfrac{x_{(L)} + x_{(L+1)}}{2}$；若 L 的值不是整數，則將 L 無條件進位成整數，設為 L'，得 $Q_i = x_{(L')}$。

例題 3-10

經調查公車上 11 位乘客的年齡分別為：5、32、53、16、18、42、45、35、38、50、26，試求其三個四分位數 Q_1、Q_2 及 Q_3。

解 1

首先將乘客年齡資料由小到大排列：5、16、18、26、32、35、38、42、45、50、53。又因為有 11 位乘客的年齡資料，故個數 $n = 11$，則：

(1) 對第 1 四分位數 Q_1 而言，位置指標 $L = \dfrac{1 \times 11}{4} = 2.75$，並非整數，故 L 無條件進位成整數 $L' = 3$ 後，得到 $Q_1 = x_{(3)} = 18$。

(2) 對第 2 四分位數 Q_2 而言，位置指標 $L = \dfrac{2 \times 11}{4} = 5.5$，並非整數，故 L 無條件進位成整數 $L' = 6$ 後，得到 $Q_2 = x_{(6)} = 35$。

(3) 對第 3 四分位數 Q_3 而言，位置指標 $L = \dfrac{3 \times 11}{4} = 8.25$，並非整數，故 L 無條件進位成整數 $L' = 9$ 後，得到 $Q_3 = x_{(9)} = 45$。

解 2 運用 Excel 函數求解

透過 Excel 完成 11 位乘客年齡的四分位數，其步驟如下：

(1) 進入 Excel 工作表，在儲存格「B1」鍵入「乘客年齡」。

(2) 將 11 個乘客的年齡資料分別鍵入儲存格「B2 至 B12」。

(3) 在儲存格「A13」鍵入「第 1 四分位數」，於「B13」儲存格，點選【公式→插入函數】，在「選取函數」中選擇「QUARTILE.EXC」，公式為：=QUARTILE.EXC(B2:B12,1)，如圖 3-18。

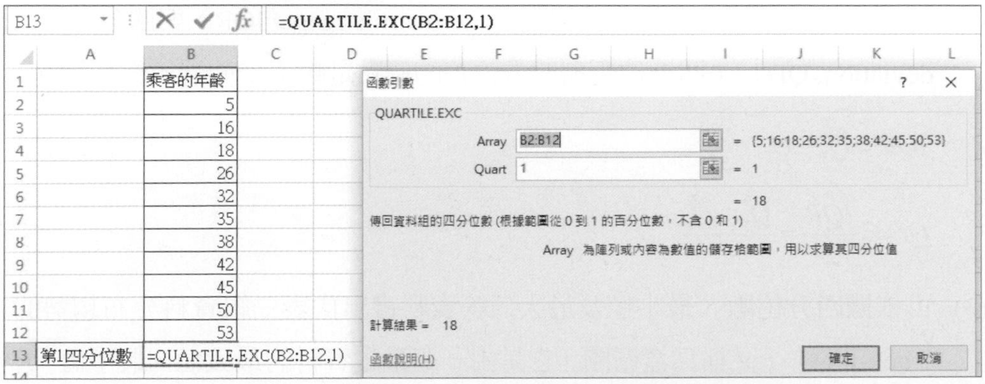

圖 3-18　在 Excel 中 QUARTILE.EXC 函數的引述視窗

(4) 按「確定」後即完成乘客年齡的第 1 四分位數爲 18，如圖 3-19。

B13		f_x	=QUARTILE.EXC(B2:B12,1)

	A	B	C	D	E	F
1		乘客的年齡				
2		5				
3		16				
4		18				
5		26				
6		32				
7		35				
8		38				
9		42				
10		45				
11		50				
12		53				
13	第1四分位數	18				
14						
15						
16						

B15		f_x	=QUARTILE.EXC(B2:B12,3)

	A	B	C	D	E	F
1		乘客的年齡				
2		5				
3		16				
4		18				
5		26				
6		32				
7		35				
8		38				
9		42				
10		45				
11		50				
12		53				
13	第1四分位數	18				
14	第2四分位數	35				
15	第3四分位數	45				
16						

圖 3-19　乘客年齡第 1 四分位數　　　　圖 3-20 乘客年齡第 2 及第 3 四分位數

(5) 在儲存格「B14」，點選【公式→插入函數】，在「選取函數」中選擇「QUARTILE. EXC」，公式爲：=QUARTILE.EXC(B2:B12,2)，按「確定」後即完成乘客年齡的第 2 四分位數爲 35。在儲存格「B15」，點選【公式→插入函數】，在「選取函數」中選擇「QUARTILE.EXC」，公式爲：=QUARTILE.EXC(B2:B12,3)，按「確定」後即完成乘客年齡的第 3 四分位數爲 45，如圖 3-20。

四分位數除了可以找出三個分位數，將一組資料的所有個數進行四等分的分割外，它的幾個重點應用還包括：

(1) 可找出代表集中趨勢的中位數（即 Q_2 ），且不受極端值的影響。

(2) 可找出代表離散程度的四分位距（interquartile range, IQR）與四分位差（quartile deviation, QD）；四分位距與四分位差的優點是較不受極端值的影響。

$$IQR = Q_3 - Q_1$$

$$QD = \frac{IQR}{2} = \frac{Q_3 - Q_1}{2}$$

(3) 可依據四分位數、最小值及最大值等資料畫出代表一組資料分布趨勢的箱形圖（box-plot），又稱爲盒鬚圖，它是由一組量化資料的最大值、最小值、中位數、 Q_1 及 Q_3 等五個值所構成，因形狀如箱子而得名。箱形圖是一種用來顯示一組

資料分散情況的資料統計圖，不管是作為單變項分析的分布參考，或是比較不同母體之間資料的差異，都可用盒鬚圖來作判斷。

例題 3-11

假設從甲、乙兩班各有抽取 13 位及 12 位學生，分別得到其商業資料分析考試成績為：

甲班：65、78、53、82、90、75、46、86、88、78、72、77、91。

乙班：74、70、66、62、84、78、65、75、82、78、73、87。

試分別求算兩班抽樣學生成績的：

(1) 最大值、最小值、中位數、Q_1 及 Q_3 五個值。

(2) 四分位距與四分位差。

(3) 繪出盒鬚圖，並據以比較其集中趨勢與離散程度。

解

(1) 運用先前介紹的方法，可先將兩班抽樣資料排序後，依次求出甲班的最大值為 91、最小值為 46、中位數 $Q_2 = 78$、第 1 四分位數 $Q_1 = 72$ 及第 3 四分位數 $Q_3 = 86$；乙班的最大值為 87、最小值為 62、中位數 $Q_2 = 74.5$、$Q_1 = 68$ 及 $Q_3 = 80$。

(2) 甲班考試成績的四分位距 $IQR = Q_3 - Q_1 = 86 - 72 = 14$；

　　四分位差 $QD = \dfrac{IQR}{2} = \dfrac{Q_3 - Q_1}{2} = 7$；

　　乙班考試成績的四分位距 $IQR = Q_3 - Q_1 = 80 - 68 = 12$；

　　四分位差 $QD = \dfrac{IQR}{2} = \dfrac{Q_3 - Q_1}{2} = 6$。

(3) 透過 Excel 的繪圖功能，選擇盒鬚圖選項，如圖 3-21 所示，可繪出甲、乙兩班抽樣同學的盒鬚圖，如圖 3-22 所示。

圖 3-21　繪圖功能：盒鬚圖

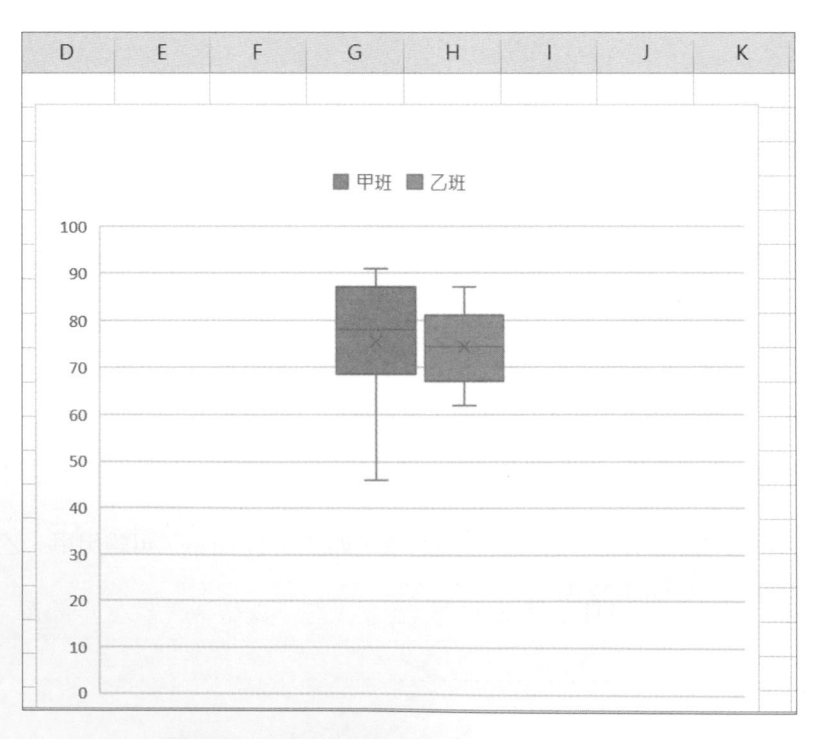

圖 3-22　甲、乙兩班期中考試成績盒鬚圖

3-3-2　十分位數

　　類似於四分位數的概念，十分位數是將全部資料由小而大依序排列後，再將此序列分為十等分，其分割點共有九個，即稱為十分位數，記為 D_1、D_2、$\cdots$、D_9，分別表示 10% 的資料落在 D_1 之下、20% 落在 D_2 之下、$\cdots$、90% 落在 D_9 之下；其中，D_5 等同於中位數 m_e 或第 2 四分位數 Q_2。一般求算十分位數的方法如下：

1. 將蒐集到的一組 n 個量化資料，以 $x_1, x_2, ..., x_n$ 表示，將這 n 個量化資料先由小到大排序而得 $x_{(1)} \leq x_{(2)} \leq \cdots \leq x_{(n)}$。

2. 算出 D_i 的位置指標 $L = \dfrac{i \times n}{10}$ 的值，其中 $i = 1, 2, \cdots, 9$。

3. 若 L 為整數，則十分位數 $D_i = \dfrac{x_{(L)} + x_{(L+1)}}{2}$，若 L 的值不是整數，則將 L 無條件進位成整數，設為 L'，得 $D_i = x_{(L')}$。

例題 3-12

經調查公車上 11 位乘客的年齡，由小到大排列的結果為：5、16、18、26、32、35、38、42、45、50、53，試求歲數最大的前 10% 至少幾歲（即求第 9 十分位數 D_9）？

解

　　對第 9 十分位數 D_9 而言，位置指標 $L = \dfrac{9 \times 11}{10} = 9.9$，並非整數，故 L 無條件進位成整數 $L' = 10$ 後，得到 $D_9 = x_{(10)} = 50$。表示年齡小於 50 歲的個數有 9 個，大於 50 歲的值有 1 個，也就是 90% 的值比 D_9 小，同時 10% 的值比 D_9 大。

▌3-3-3　百分位數

百分位數是將全部量化資料由小而大依序排列後，再將此序列分爲一百等分，其分割點共有 99 個，即稱爲百分位數，記爲 P_1、P_2、$\cdots$、P_{99}，分別表示表示 1% 的資料落在 P_1 之下、2% 落在 P_2 之下、$\cdots$、99% 落在 P_{99} 之下；其中，P_{25}、P_{50} 與 P_{75} 亦分別等同於 Q_1、Q_2（中位數）與 Q_3。一般求算百分位數的方法如下：

1. 將蒐集到的一組 n 個量化資料，以 $x_1, x_2, ..., x_n$ 表示，將這 n 個量化資料先由小到大排序而得 $x_{(1)} \leq x_{(2)} \leq \cdots \leq x_{(n)}$ ；

2. 算出 P_i 的位置指標 $L = \dfrac{i \times n}{100}$ 的值，其中 $i = 1, 2, \cdots, 99$；

3. 若 L 爲整數，則百分位數 $P_i = \dfrac{x_{(L)} + x_{(L+1)}}{2}$ ；若 L 的值不是整數，則將 L 無條件進位成整數，設爲 L'，得 $P_i = x_{(L')}$ 。

例題 3-13

經調查公車上 11 位乘客的年齡，由小到大排列的結果爲：5、16、18、26、32、35、38、42、45、50、53，試求第 75 百分位數（即求 P_{75} 之值）？

解 1

對第 75 百分位數 P_{75} 而言，位置指標 $L = \dfrac{75 \times 11}{100} = 8.25$ ，並非整數，故 L 無條件進位成整數 $L' = 9$ 後，得到 $P_{75} = x_{(9)} = 45$ 。

解 2　運用 Excel 函數求解

透過 Excel 完成 11 位乘客年齡的第 75 百分位數，其步驟如下：

(1)　進入 Excel 工作表，在儲存格「B1」鍵入「乘客年齡」。

(2)　將 11 個乘客的年齡資料分別鍵入儲存格「B2 至 B12」。

(3) 在儲存格「A13」鍵入「第 75 百分位數」，於「B13」儲存格，點選【公式→插入函數】，在「選取函數」中選擇「PERCENTTILE」，公式為：=PERCENTTILE.EXC(B2:B12,0.75)，如圖 3-23。

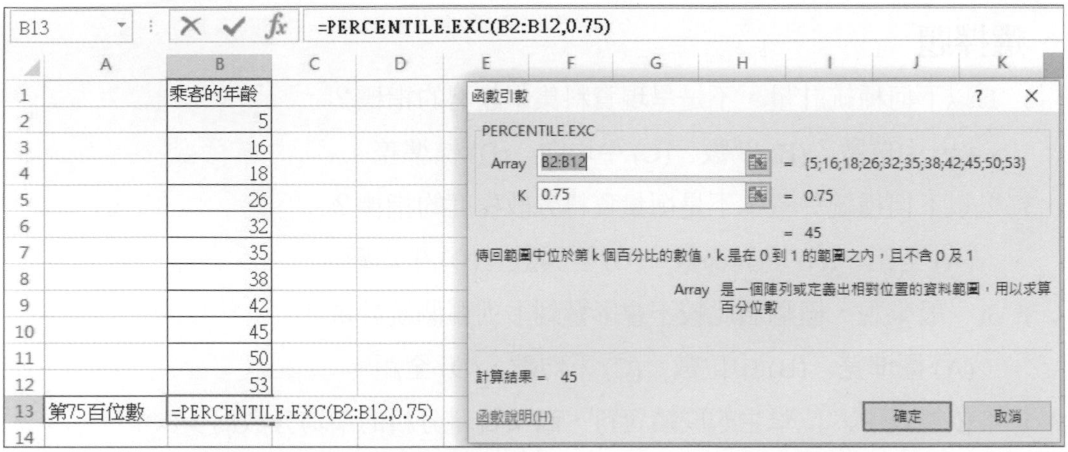

圖 3-23　在 Excel 中 PERCENTTILE.EXC 函數的引述視窗

(4) 按「確定」後即完成乘客年齡的第 75 百分位數為 45，如圖 3-24。

圖 3-24　乘客年齡的第 75 百分位數

一、選擇題

( ) 1.以下何種統計量,不是呈現資料集中趨勢的指標?

(A) 中位數 (B) 眾數 (C) 平均數 (D) 標準差。

( ) 2.以下何種統計量,不是衡量資料分散程度的指標?

(A) 全距 (B) 變異係數 (C) 變異數 (D) 平均數。

( ) 3.一般來說,極端值比較不會影響到下列哪個統計量?

(A) 標準差 (B) 中位數 (C) 平均數 (D) 全距。

( ) 4.依據表中六位學生的成績資料,商業資料分析的平均分數為多少?

(A) 72.6 分 (B) 76.0 分 (C) 78.3 分 (D) 77.8 分。

姓名	英文	經營管理概論	商業資料分析
John	80	86	96
Tom	95	80	70
Alice	60	66	60
Jason	65	60	60
Linda	88	82	90
Johnny	70	88	80

( ) 5.承上題,各科目的學分數分別為英文 3 學分,經營管理概論及商業資料分析各
2 學分,則 Alice 的加權平均分數為多少?

(A) 61.71 分 (B) 62.14 分 (C) 77.35 分 (D) 以上皆非。

( ) 6.比較一組數據資料:6、3、2、8、6、7、9、10 的平均數、中位數及眾數,下
列何者正確?

(A) 平均數>中位數 (B) 平均數<眾數 (C) 中位數>眾數 (D) 以上皆非。

( ) 7.若某公司共有三個部門,各部門的員工人數分別是 20、20、10 人,各部門員
工的平均體重依序為 50、70、60 公斤,則整體員工的平均體重是____公斤:

(A) 63 (B) 65 (C) 60 (D) 55。

(　　) 8. 若某次參加員工旅遊活動的成員，其年齡分別為 18、12、13、15、68、18，下列何者正確？

(A) 中位數 =16.5　(B) 平均數 =25　(C) 離群值是 15　(D) 以上皆非。

(　　) 9. 經調查 5 位職場新鮮人，月薪分別為 32500、22500、36500、33500、100000（元），試問以下何者錯誤？

(A) 平均數為 45000 元

(B) 中位數為 33500 元

(C) 眾數為 33000 元

(D) 相較於平均數薪資，中位數薪資較能代表職場新鮮人薪資。

(　　) 10. 大一全班商業資料分析成績次數分配表如下，試問其成績的中位數在哪一組？

(A) 50-60 分　(B) 60-70 分　(C) 70-80 分　(D) 80-90 分。

成績	次數
50-60	2
60-70	8
70-80	12
80-90	28
90-100	6
合計	56

(　　) 11. 在一組數據資料中，介於第 2 四分位數和第 60 百分位數之間的數據佔整體比例為：

(A) 20%　(B) 10%　(C) 40%　(D) 60%。

(　　) 12. 某公司員工年齡為 40、45、28、30、25、50、27 及 60 歲，下列何者正確？

(A) 中位數為 35 歲　　　　　　(B) 第 1 四分位數為 28 歲

(C) 第 3 四分位數為 45 歲　　　(D) 四分位距為 10 歲。

(　　) 13. 經統計某公司員工身高第 1 四分位數為 170 公分，則該公司有多少人的身高矮於 170 公分？

(A) 75%　(B) 50%　(C) 25%　(D) 以上皆非。

(　　) 14. 某連鎖餐廳員工時薪的資料如下：平均數＝ 200，中位數＝ 195，眾數＝
200，變異數＝ 225，則其時薪的變異係數為：
(A) 7.5%　(B) 88.9%　(C) 13.33%　(D) 86.7%。

(　　) 15. 若某次商業資料分析考試有 200 人參加，已知所有人成績的第 60 百分位
數是 80 分，則至少有多少人的成績大於或等於 80 分？
(A) 160 位　(B) 40 位　(C) 80 位　(D) 120 位。

二、問答題

1. 某班抽取 10 名同學之國文平時分數如下：76、71、71、69、72、68、72、72、73、
72，試求：

(1) 這 10 名同學國文平時分數的眾數、中位數、平均數為何？

(2) 這 10 名同學國文平時分數的變異數、標準差為何？

2. 若學校抽樣 8 位社會新鮮人月薪為 35000、28000、27000、100000、33000、30000、
29000、32000（單位：元）。試回答下列問題：

(1) 以同樣資料，計算所有樣本的平均數為多少？

(2) 8 位社會新鮮人月薪的離群值是多少？

(3) 若剔除離群值 100000 元，剩下 7 位社會新鮮人月薪平均數是多少？

3. 林先生應徵了一家公司的工作，得知該公司薪資結構如表，試回答下列問題：

(1) 薪資的平均數是多少？

(2) 薪資的中位數是多少？

(3) 薪資的眾數是多少？

	人數	月薪
老闆	1	12 萬
經理	3	6 萬
組長	5	3 萬
職員	6	2.5 萬

4. 從某公司員工中抽出 6 位員工，其通勤到公司的時間分別爲 16、13、10、17、18、16（單位：分），試求：

(1) 通勤時間平均約爲多少？

(2) 通勤時間的變異數爲多少？

(3) 通勤時間的標準差大約爲多少？

(4) 通勤時間的變異係數大約爲多少？

5. 假設某經銷商近 10 日汽車銷售量的資料是：

16、13、10、17、18、7、16、12、15、16，試求以下各值：

(1) 平均數、中位數及眾數。

(2) 全距、變異數、標準差及變異係數。

(3) Q_1、Q_2、Q_3、四分位距 (IQR) 及四分位差 (QD)。

(4) 繪製盒鬚圖。

6. 甲、乙兩汽車經銷商的業務員各爲 10 人及 8 人，上個月銷售業績分別爲：

甲：9、10、5、12、18、11、8、16、7、20。

乙：6、18、5、9、19、7、16、12。

(1) 甲汽車經銷商業務員銷售量的全距及中位數 (Q_2)。

(2) 甲汽車經銷商業務員銷售量的第一四分位數 (Q_1) 及第三四分位數 (Q_3)。

(3) 甲汽車經銷商業務員銷售量的四分位距與四分位差。

(4) 甲汽車經銷商業務員銷售量的盒鬚圖。

(5) 甲汽車經銷商業務員銷售量的第 7 個十分位數爲多少？

(6) 甲汽車經銷商業務員銷售量的前 10% 至少爲多少？

(7) 乙汽車經銷商業務員銷售量的全距及中位數 (Q_2)。

(8) 乙汽車經銷商業務員銷售量的第一四分位數 (Q_1) 及第三四分位數 (Q_3)。

(9) 乙汽車經銷商業務員銷售量的四分位距與四分位差。

(10) 乙汽車經銷商業務員銷售量的盒鬚圖。

(11) 乙汽車經銷商業務員銷售量的第 8 個十分位數爲多少？

(12) 乙汽車經銷商業務員銷售量的前 20% 至少爲多少？

三、實作題

1. 試以台灣證券交易所網站「個股日收盤價及月平均價」資料庫，利用 Excel 軟體，繪製統一超與全家兩家公司近一個月收盤價的盒鬚圖，請說明您觀察到了什麼。

2. 試以台灣證券交易所網站「個股日收盤價及月平均價」資料庫，利用 Excel 軟體中的資料分析功能，完成中華電與台灣大兩家公司近一個月收盤價的敘述統計表，且說明您觀察到了什麼。

3. 試從行政院主計總處「薪情平台」網頁，使用「薪情體驗」項目下的「個人薪情比比看」功能，以全年總薪資 500,000 元爲例，與全體受僱員工作比較，說明您觀察到了什麼。

函數與樞紐分析

學習目標

在商務領域的資料分析應用上，Microsoft Excel 是非常實用的試算表工具，本章節將介紹 EXCEL 中的常用函數功能、樞紐分析表及圖表工具這三個部份，讓同學體認 EXCEL 強大的數據分析能力。

本章大綱

4-1　常用函數功能

4-2　樞紐分析表

4-3　EXCEL 圖表工具

EXCEL 在人們進行資料處理、分析與統計時提供了強大的功能，而資料的歸納及彙整結果更可利用統計圖、統計表來呈現。特別是 EXCEL 所提供的函數，可說是最重要的應用工具之一，可讓表格功能在操作上更全面；樞紐分析表則提供了強大的表格製作；圖表工具將資料彙整成各式各樣的統計圖。

▶▶ 4-1 常用函數功能

常用函數功能列表如表 4-1：

表 4-1 常用函數功能列表

函數	功能
SUM(資料範圍)	加總
AVERAGE(資料範圍)	平均
ROUND(數值 , 小數位數)	四捨五入
COUNT(資料範圍)	計數
INT(數值)	取整數
LEFT(字串 , 選取字元數)	左字串
RIGHT(字串 , 選取字元數)	字串
MID(字串 , 開始位置 , 選取字元數)	中間字串
AND(條件一 , 條件二 ,…)	且（條件皆需滿足）
OR(條件一 , 條件二 ,…)	或（一條件滿足即可）
IF(條件式 , 真值 , 偽值)	二擇一
COUNTIF(比對範圍 , 條件式)	條件計數
SUMIF(比對範圍 , 條件式 , 加總範圍)	條件加總
RANK(個體 , 全體 , 排序方式)	排序

例題 4-1

調查祥恩公司行銷部 7 位員工，員工資料表如表 4-2 所示：

表 4-2　祥恩公司行銷部員工資料表

姓名	性別	身高	Line ID	請假天數
林進祿	男	182	Johnson	2
王倩如	女	158	Tiffany	1
張天鵬	男	172	Vincent	4
楊天恩	男	169	Mark	3
吳美玉	女	161	Rebecca	2
李玉霖	男	179	Jeremy	5
楊幸梅	女	170	Catherine	0

請分別依照表 4-1 所列函數，求出祥恩公司行銷部 7 位員工的資訊。

解

開啟「第四章 .xlsx」之「範例 4-1」工作表，利用表 4-1 所列函數來計算，祥恩公司行銷部 7 位員工資料如下：

=SUM(資料範圍)	範例：=SUM(C2:C8)　結果 = 1191

解說：將 C2:C8 範圍內 7 個儲存格內的數字資料作加總計算。

| ROUND | ▼ | ⋮ | × | ✓ | fx | =SUM(C2:C8) |

▲	A	B	C	D	E	F
1	姓名	性別	身高	Line ID	請假天數	
2	林進祿	男	182	Johnson	10	
3	王倩如	女	158	Tiffany	36	
4	張天鵬	男	172	Vincent	21	
5	楊天恩	男	169	Mark	67	
6	吳美玉	女	161	Rebecca	63	
7	李玉霖	男	179	Jeremy	34	
8	楊幸梅	女	170	Catherine	47	
9			=SUM(C2:C8)			
10						

由行銷部員工資料可得知，祥恩公司行銷部 7 位員工的身高總和為 1191 公分。

=AVERAGE(資料範圍)	範例：=AVERAGE(C2:C8)　結果 = 170.1428571

解說：將 C2:C8 範圍內 7 個儲存格內的數字資料作平均計算。

ROUND	▾	⋮	✕	✓	*fx*	=AVERAGE(C2:C8)	
	A	B	C	D	E	F
1	姓名	性別	身高	Line ID	請假天數	
2	林進祿	男	182	Johnson	10	
3	王倩如	女	158	Tiffany	36	
4	張天鵬	男	172	Vincent	21	
5	楊天恩	男	169	Mark	67	
6	吳美玉	女	161	Rebecca	63	
7	李玉霖	男	179	Jeremy	34	
8	楊幸梅	女	170	Catherine	47	
9			=AVERAGE(C2:C8)			
10						

由行銷部員工資料可得知，祥恩公司行銷部 7 位員工的平均身高為 170.1428571 公分。

=ROUND(資料 , 小數點位數)	範例：=ROUND(AVERAGE(C2:C8),2)　結果 = 170.14

解說：170.1428571 取小數第 2 位四捨五入運算 = 170.14。

ROUND	▾	⋮	✕	✓	*fx*	=ROUND(AVERAGE(C2:C8),2)	
	A	B	C	D	E	F
1	姓名	性別	身高	Line ID	請假天數	
2	林進祿	男	182	Johnson	10	
3	王倩如	女	158	Tiffany	36	
4	張天鵬	男	172	Vincent	21	
5	楊天恩	男	169	Mark	67	
6	吳美玉	女	161	Rebecca	63	
7	李玉霖	男	179	Jeremy	34	
8	楊幸梅	女	170	Catherine	47	
9			=ROUND(AVERAGE(C2:C8),2)			
10						

應用 ROUND 函數後，可得知祥恩公司行銷部 7 位員工的平均身高為 170.14 公分。

=COUNT(資料範圍)	範例：=COUNT(C2:C8)　結果 = 7

解說：計算 C2:C8 範圍內共有幾筆資料。

ROUND	▾	⋮	✕	✓	*fx*	=COUNT(C2:C8)	
	A	B	C	D	E	F	
1	姓名	性別	身高	Line ID	請假天數		
2	林進祿	男	182	Johnson	10		
3	王倩如	女	158	Tiffany	36		
4	張天鵬	男	172	Vincent	21		
5	楊天恩	男	169	Mark	67		
6	吳美玉	女	161	Rebecca	63		
7	李玉霖	男	179	Jeremy	34		
8	楊幸梅	女	170	Catherine	47		
9			=COUNT(C2:C8)				
10							

應用 COUNT 函數運算後，可得知祥恩公司行銷部有 7 位員工。

=INT(資料)	範例：=INT(AVERAGE(C2:C8))　結果 = 170

解說：170.1428571 作取整數運算，結果 = 170。

ROUND	▾	⋮	✕	✓	*fx*	=INT(AVERAGE(C2:C8))	
	A	B	C	D	E	F	
1	姓名	性別	身高	Line ID	請假天數		
2	林進祿	男	182	Johnson	10		
3	王倩如	女	158	Tiffany	36		
4	張天鵬	男	172	Vincent	21		
5	楊天恩	男	169	Mark	67		
6	吳美玉	女	161	Rebecca	63		
7	李玉霖	男	179	Jeremy	34		
8	楊幸梅	女	170	Catherine	47		
9			=INT(AVERAGE(C2:C8))				
10							

上表所計算之平均身高，經應用 INT 函數後，可得知祥恩公司行銷部 7 位員工的平均身高為 170 公分。

=LEFT(資料 , 字數)	範例：=LEFT(D2,4)　結果 = "John"

解說：取出字串 "Johnson" 的左邊 4 個字。

ROUND	▾	⋮	✕ ✓	*fx*	=LEFT(D2,4)	

	A	B	C	D	E	F
1	姓名	性別	身高	Line ID	請假天數	
2	林進祿	男	182	Johnson	10	=LEFT(D2,4)
3	王倩如	女	158	Tiffany	36	
4	張天鵬	男	172	Vincent	21	
5	楊天恩	男	169	Mark	67	
6	吳美玉	女	161	Rebecca	63	
7	李玉霖	男	179	Jeremy	34	
8	楊幸梅	女	170	Catherine	47	
9						

運用 LEFT 函數在行銷部員工資料表中 D2 字串 "Johnson" 取左側 4 個字元可得 "John"。

=RIGHT(資料 , 字數)	範例：=RIGHT(D2,3)　結果 = "son"

解說：取出字串 "Johnson" 的右邊 3 個字。

ROUND	▾	⋮	✕ ✓	*fx*	=RIGHT(D2,3)	

	A	B	C	D	E	F
1	姓名	性別	身高	Line ID	請假天數	
2	林進祿	男	182	Johnson	10	=RIGHT(D2,3)
3	王倩如	女	158	Tiffany	36	
4	張天鵬	男	172	Vincent	21	
5	楊天恩	男	169	Mark	67	
6	吳美玉	女	161	Rebecca	63	
7	李玉霖	男	179	Jeremy	34	
8	楊幸梅	女	170	Catherine	47	
9						

運用 RIGHT 函數在行銷部員工資料表中 D2 字串 "Johnson"，取右側 3 個字元可得 "son"。

=MID(資料 , 第幾字 , 字數)	範例：=MID(D2,3,2)　結果 = "hn"

解說：取出字串 "Johnson" 由第 3 個字算起的 2 個字。

	A	B	C	D	E	F
1	姓名	性別	身高	Line ID	請假天數	
2	林進祿	男	182	Johnson	10	=MID(D2,3,2)
3	王倩如	女	158	Tiffany	36	
4	張天鵬	男	172	Vincent	21	
5	楊天恩	男	169	Mark	67	
6	吳美玉	女	161	Rebecca	63	
7	李玉霖	男	179	Jeremy	34	
8	楊幸梅	女	170	Catherine	47	
9						

運用 MID 函數在行銷部員工資料表中 D2 字串 "Johnson"，取由第 3 個字元算起的兩個字元為 "hn"。

=AND(條件一 , 條件二 ,…)	範例：=AND(B6=" 男 ",E6>=2)　結果 = "FALSE"

解說：檢查 A6 吳美玉是否為請假天數超過 2 天的男性員工。

	A	B	C	D	E	F
1	姓名	性別	身高	Line ID	請假天數	
2	林進祿	男	182	Johnson	10	
3	王倩如	女	158	Tiffany	36	
4	張天鵬	男	172	Vincent	21	
5	楊天恩	男	169	Mark	67	
6	吳美玉	女	161	Rebecca	63	=AND(B6="男",E6>=2)
7	李玉霖	男	179	Jeremy	34	
8	楊幸梅	女	170	Catherine	47	
9						

執行 AND 函數後，發現 A6 吳美玉並非請假天數超過 2 天的男性員工。

=OR(條件一 , 條件二 ,…)	範例：=OR(B6=" 男 ",E6>=2)　結果 = "TRUE"

檢查 A6 吳美玉是否為請假天數超過 2 天或是男性員工。

ROUND	▾	⋮	✕	✓	*fx*	=OR(B6="男",E6>=2)

	A	B	C	D	E	F
1	姓名	性別	身高	Line ID	請假天數	
2	林進祿	男	182	Johnson	10	
3	王倩如	女	158	Tiffany	36	
4	張天鵬	男	172	Vincent	21	
5	楊天恩	男	169	Mark	67	
6	吳美玉	女	161	Rebecca	63	=OR(B6="男",E6>=2)
7	李玉霖	男	179	Jeremy	34	
8	楊幸梅	女	170	Catherine	47	
9						

執行 OR 函數後，發現 A6 吳美玉是請假天數超過 2 天的員工。

=IF(邏輯運算 , 真 , 偽)	範例：=IF(C8>=180,"YES","NO") 結果 = " NO "

解說：檢查 C8 楊幸梅的身高是否大於 180。

ROUND	▾	⋮	✕	✓	*fx*	=IF(C8>=180,"YES","NO")

	A	B	C	D	E	F
1	姓名	性別	身高	Line ID	請假天數	
2	林進祿	男	182	Johnson	10	
3	王倩如	女	158	Tiffany	36	
4	張天鵬	男	172	Vincent	21	
5	楊天恩	男	169	Mark	67	
6	吳美玉	女	161	Rebecca	63	
7	李玉霖	男	179	Jeremy	34	
8	楊幸梅	女	170	Catherine	47	=IF(C8>=180,"YES","NO")
9						

經使用 IF 函數得知，C8 儲存格資料為 170 並沒有大於等於 180，因此運算結果為 " NO "。

= COUNTIF(比對範圍 , 條件式)	範例：COUNTIF(C2:C8,">=170")　結果 =4
解說：祥恩公司行銷部身高 170 公分以上的人數。	

ROUND	▾	⋮	✕	✓	*fx*	=COUNTIF(C2:C8,">=170")		

	A	B	C	D	E	F	G	H
1	姓名	性別	身高	Line ID	放假天數			
2	林進祿	男	182	Johnson	10	=COUNTIF(C2:C8,">=170")		
3	王倩如	女	158	Tiffany	36			
4	張天鵬	男	172	Vincent	21			
5	楊天恩	男	169	Mark	67			
6	吳美玉	女	161	Rebecca	63			
7	李玉霖	男	179	Jeremy	34			
8	楊幸梅	女	170	Catherine	47			
9								

使用 COUNTIF 函數得知，祥恩公司行銷部 7 位員工中，身高 170 以上的員工共有 4 位。

=SUMIF(比對範圍 , 比對值 , 加總範圍)	範例：=SUMIF(B2:B8,B2,E2:E8) =SUMIF(B2:B8,B3,E2:E8) 結果 = 132(男)/146(女)
解說：祥恩公司行銷部「男性員工」與「女性員工」的請假總天數。	

ROUND	▾	⋮	✕	✓	*fx*	=SUMIF(B2:B8,B2,E2:E8)			

	A	B	C	D	E	F	G	H	I	J
1	姓名	性別	身高	Line ID	放假天數		性別	放假總天數		
2	林進祿	男	182	Johnson	10		男	=SUMIF(B2:B8,B2,E2:E8)		
3	王倩如	女	158	Tiffany	36		女	146		
4	張天鵬	男	172	Vincent	21					
5	楊天恩	男	169	Mark	67					
6	吳美玉	女	161	Rebecca	63					
7	李玉霖	男	179	Jeremy	34					
8	楊幸梅	女	170	Catherine	47					
9										
10										
11										
12										

ROUND	▾	⋮	×	✓	*fx*	=SUMIF(B2:B8,B3,E2:E8)				
◢	A	B	C	D	E	F	G	H	I	J
1	姓名	性別	身高	Line ID	放假天數		性別	放假總天數		
2	林進祿	男	182	Johnson	10		男	132		
3	王倩如	女	158	Tiffany	36		女	=SUMIF(B2:B8,B3,E2:E8)		
4	張天鵬	男	172	Vincent	21					
5	楊天恩	男	169	Mark	67					
6	吳美玉	女	161	Rebecca	63					
7	李玉霖	男	179	Jeremy	34					
8	楊幸梅	女	170	Catherine	47					
9										

使用 SUMIF 函數得知，祥恩公司行銷部男性員工的請假總天數為 132 天；女性員工的請假總天數為 146 天。

=RANK(個體 , 全體 , 排序方式)	範例：=RANK(C3,$C$2:$C$8,0)　結果 = 1

解說：請依照祥恩公司行銷部員工身高資料，由大到小進行排序。

ROUND	▾	⋮	×	✓	*fx*	=RANK(C2,$C$2:$C$8,0)		
◢	A	B	C	D	E	F	G	H
1	姓名	性別	身高	Line ID	放假天數			
2	林進祿	男	182	Johnson	10	=RANK(C2,$C$2:$C$8,0)		
3	王倩如	女	158	Tiffany	36	7		
4	張天鵬	男	172	Vincent	21	3		
5	楊天恩	男	169	Mark	67	5		
6	吳美玉	女	161	Rebecca	63	6		
7	李玉霖	男	179	Jeremy	34	2		
8	楊幸梅	女	170	Catherine	47	4		
9								
10								

使用 RANK 函數對祥恩公司行銷部員工進行身高排序，其中林進祿身高 180cm 最高、其次為李玉霖 179cm，其餘類推。

》》 4-2　樞紐分析表

樞紐分析表又名交叉分析表，是 Excel 諸多工具中最強大的工具之一。以下以鴨鴨公司 10 月業績報表為例，說明該表之特性：

表 4-3　鴨鴨公司 10 月業績報表

部門名稱	主管姓名	業務姓名	10 月業績	10 月業績佔比
行銷一組	林天寥	王倩如	550000	22.84%
		林進祿	100000	4.15%
		張天鵬	36000	1.49%
部門總計			**686000**	**28.49%**
行銷二組	宋恩時	吳美玉	328000	13.62%
		楊天恩	469000	19.48%
部門總計			**797000**	**33.10%**
行銷三組	李田光	李玉霖	95100	3.95%
		楊幸梅	830000	34.47%
部門總計			**925100**	**38.42%**
總計			**2408100**	**100.00%**

1. 開啟「第四章 .xlsx」之「範例 4-2」工作表，點選【插入→樞紐分析表】，來自表格或範圍的樞紐分析表，按「確定」，2016 版樞紐分析表操作介面如下圖所示：

2. 將插入點置於樞紐分析表內，點選【樞紐分析表工具→樞紐分析表分析→選項】，
   選擇：選項。

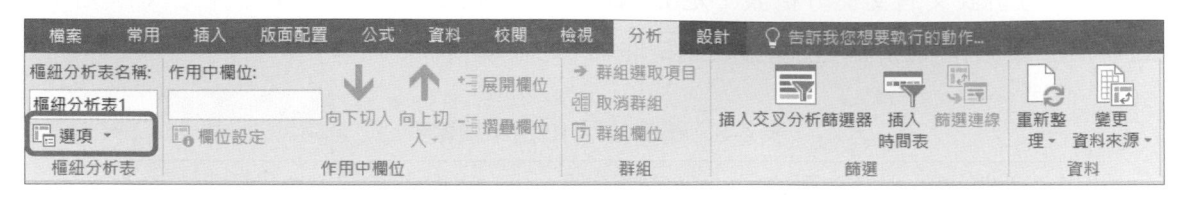

3. 顯示標籤：

   選取：古典樞紐分析表版面配置 (在格線中啟用拖曳欄位)(L)，按「確定」。

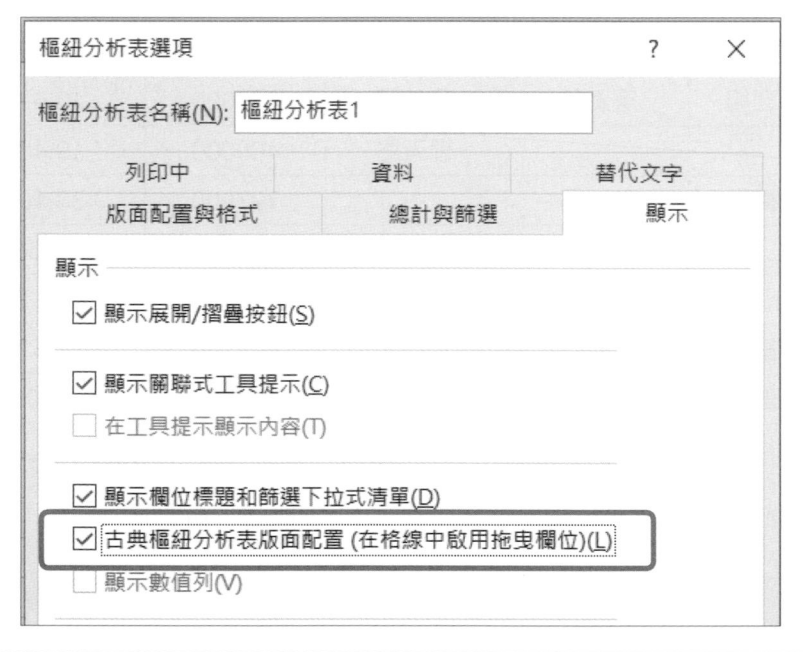

樞紐分析表架構、原理：

統計：將資料做「分類」後「運算」。

資料分類：「列」欄位、「欄」欄位。

資料運算：「值」欄位。

樞紐分析表對於資料的預設判斷：

文字：資料分類，設定在「列」欄位。

數字：資料運算，設定在「值」欄位。

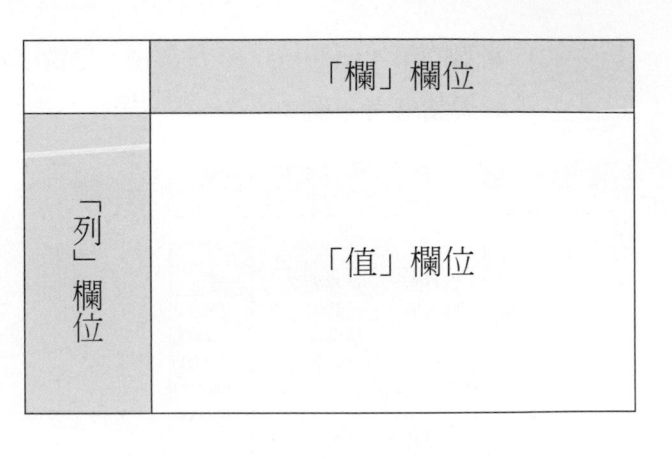

4. 拖曳欄位：

(1) 根據表 4-3 可知，報表的前 3 個欄位很明確就是文字資料，依序勾選欄位清單，結果被擺在「列」欄位，如下圖：

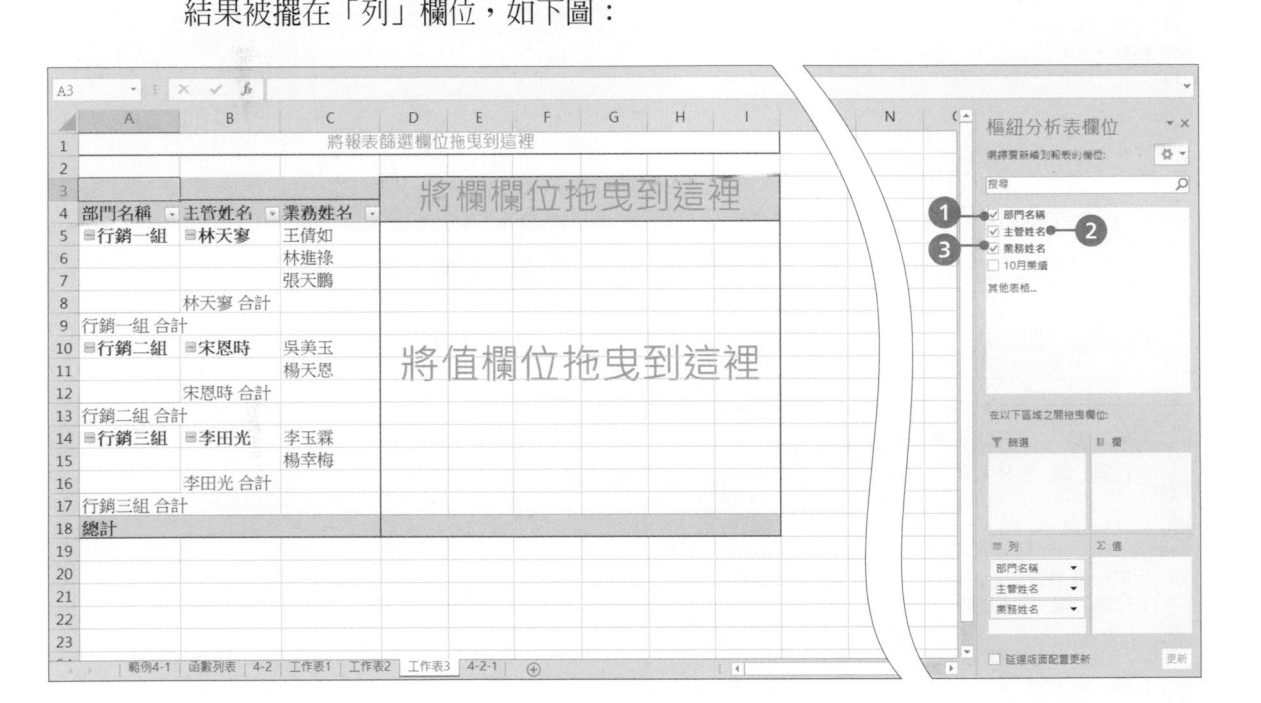

(2) 報表的第4個欄位「10月業績」是數字資料，若直接勾選將被置於「值」欄位，結果請參考下圖：

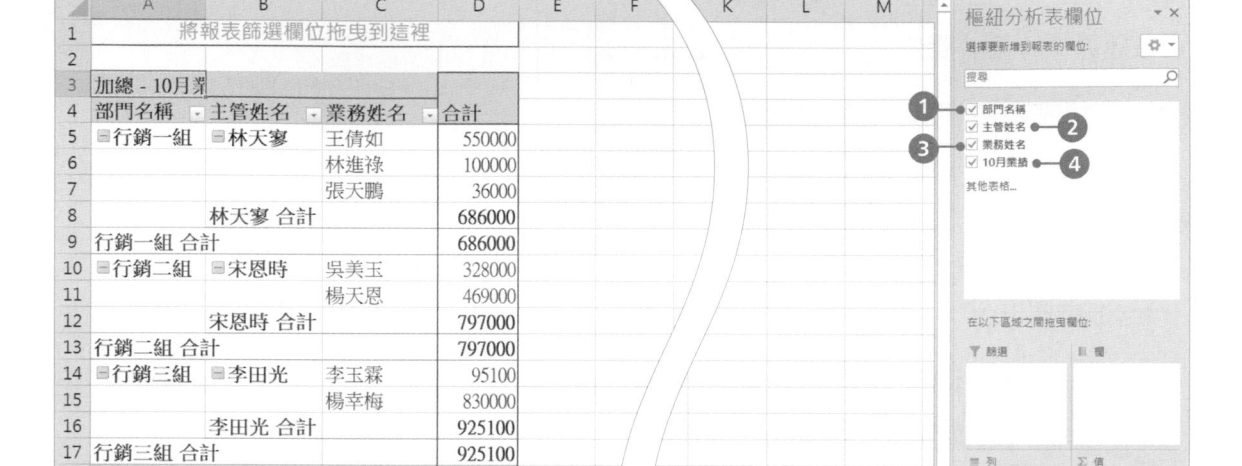

(3) 報表的第4欄位很明確是必須被統計的資料，因此直接勾選，但要在第5欄位建立業務員業績佔比，則需要將10月業績拉入第4欄位。

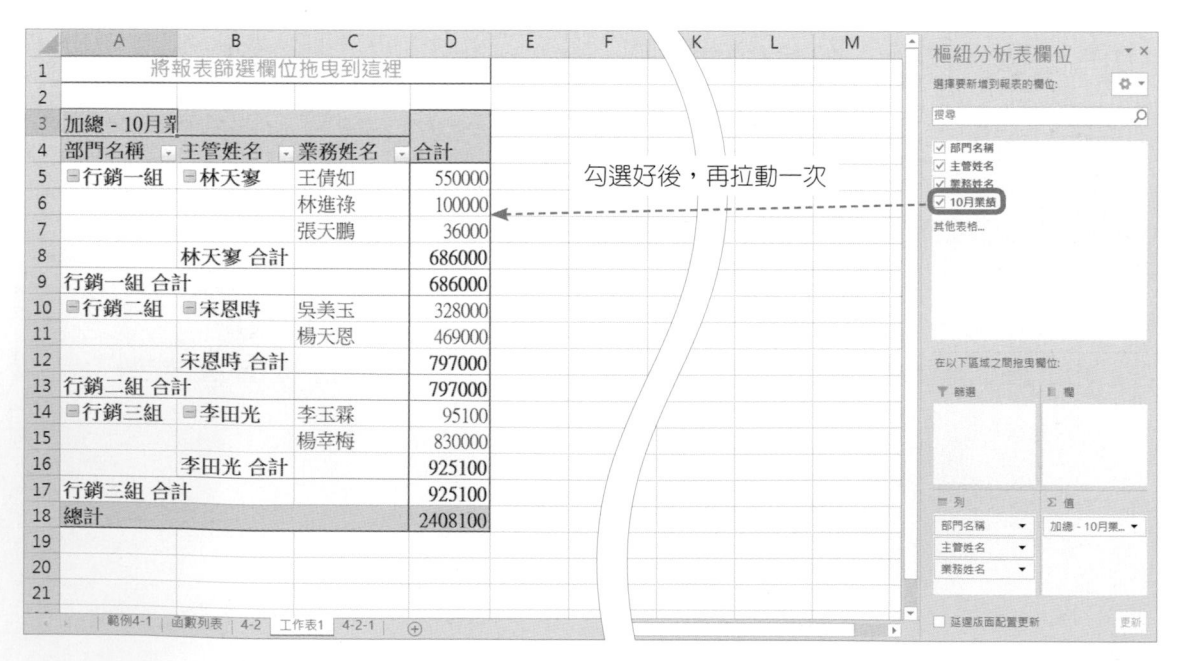

(4) 結果如下圖：

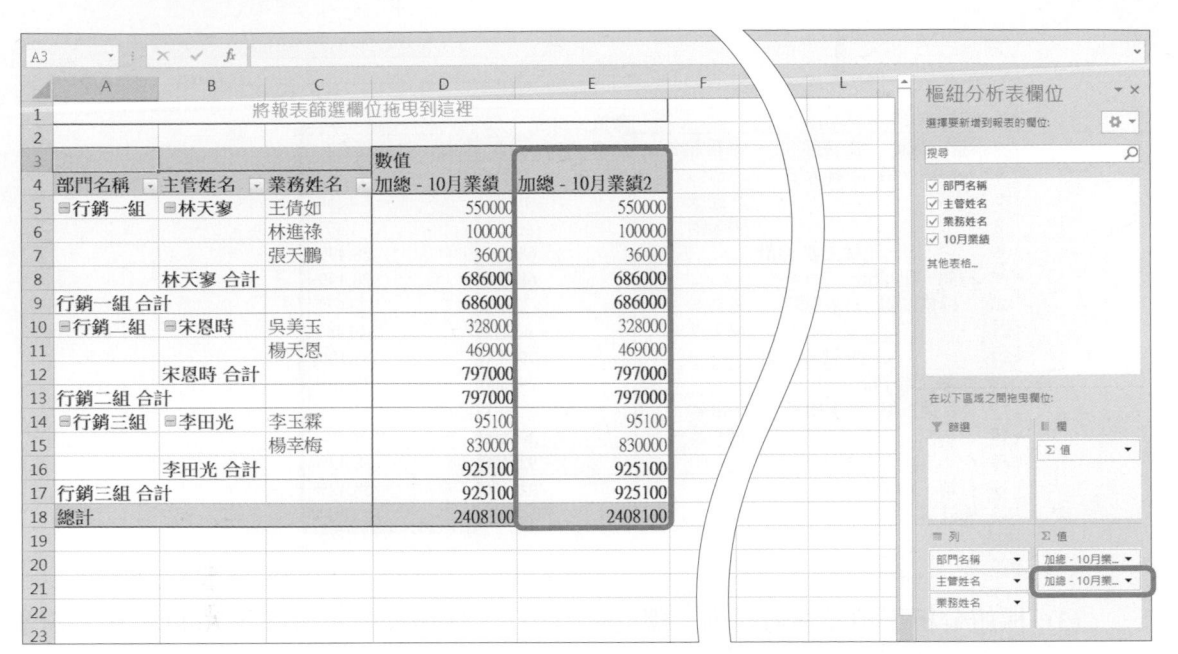

5. 顯示百分比：

(1) 在下圖的 E4 欄位按右鍵，點選【值的顯示方式→總計百分比】。

(2) 下圖 E 欄位即為業務員 10 月業績佔比。

	A	B	C	D	E	F	G
1			將報表篩選欄位拖曳到這裡				
2							
3				數值			
4	部門名稱 ▾	主管姓名 ▾	業務姓名 ▾	加總 - 10月業績	加總 - 10月業績2		
5	⊟行銷一組	⊟林天寥	王倩如	550000	22.84%		
6			林進祿	100000	4.15%		
7			張天鵬	36000	1.49%		
8		林天寥 合計		686000	28.49%		
9	行銷一組 合計			686000	28.49%		
10	⊟行銷二組	⊟宋恩時	吳美玉	328000	13.62%		
11			楊天恩	469000	19.48%		
12		宋恩時 合計		797000	33.10%		
13	行銷二組 合計			797000	33.10%		
14	⊟行銷三組	⊟李田光	李玉霖	95100	3.95%		
15			楊幸梅	830000	34.47%		
16		李田光 合計		925100	38.42%		
17	行銷三組 合計			925100	38.42%		
18	總計			2408100	100.00%		
19							
20							

(3) 樞紐分析表預設會對「列」欄位做小計，本例報表中若只需要 A 欄呈現「部門總和」的列小計，因此必須刪除 B 欄「主管姓名」及 C 欄「業務姓名」欄位的列小計：

在 C 欄中任一格 (樞紐分析表內) 按右鍵→取消：小計 " 業務姓名 "。

在 B 欄中任一格 (樞紐分析表內) 按右鍵→取消：小計 " 主管姓名 "。

選取 A 欄後，點選【常用→尋找與取代】，點選【取代】。

● 尋找目標：* 合計。

● 取代成：部門總和→按「全部取代」後，如下圖。

	A	B	C	D	E	F	G
1			將報表篩選欄位拖曳到這裡				
2							
3				數值			
4	部門名稱 ▾	主管姓名 ▾	業務姓名 ▾	加總 - 10月業績	加總 - 10月業績2		
5	⊟行銷一組	⊟林天寥	王倩如	550000	22.84%		
6			林進祿	100000	4.15%		
7			張天鵬	36000	1.49%		
8	部門加總			686000	28.49%		
9	⊟行銷二組	⊟宋恩時	吳美玉	328000	13.62%		
10			楊天恩	469000	19.48%		
11	部門加總			797000	33.10%		
12	⊟行銷三組	⊟李田光	李玉霖	95100	3.95%		
13			楊幸梅	830000	34.47%		
14	部門加總			925100	38.42%		
15	總計			2408100	100.00%		
16							
17							

6. 結果

樞紐分析表完成的資料格式無法與附件報表完全一致，但樞紐分析表不可做資料的編輯，因此必須把樞紐分析表資料複製出來，貼到空白工作表成為一般儲存格資料後才進行編輯。複製樞紐分析表資料時請特別注意，資料範圍應為：A4:E15（若包含第 3 列，則複製結果仍會是完整的樞紐分析表），但 A4 儲存格為下拉鈕無法拖曳選取，因此以 E4 為起始點來拖曳選取 E4:A15 範圍，複製資料後貼於空白工作表後，結果如下：（樞紐分析表的下拉按鈕都消失了，網底也不見了）

	A	B	C	D	E	F
1	部門名稱	主管姓名	業務姓名	10月業績	10月業績佔比	
2	行銷一組	林天寥	王倩如	550000	22.84%	
3			林進祿	100000	4.15%	
4			張天鵬	36000	1.49%	
5	部門加總			686000	28.49%	
6	行銷二組	宋恩時	吳美玉	328000	13.62%	
7			楊天恩	469000	19.48%	
8	部門加總			797000	33.10%	
9	行銷三組	李田光	李玉霖	95100	3.95%	
10			楊幸梅	830000	34.47%	
11	部門加總			925100	38.42%	
12	總計			2408100	100.00%	
13						

▶▶ 4-3　EXCEL 圖表工具

▌4-3-1　EXCEL 圖表的構成建置

調查 270 位不同居住地區民眾對所支持政黨人數彙整如表 4-4。在設定統計圖的過程中會經常使用到「區域」或「物件」名稱，我們在圖 4-1 中將統計圖的區域、物件名稱一一標示出來。

表 4-4　居住地區與政黨支持統計表

政黨	北部	中部	南部	東部
國民黨	41	14	26	16
民進黨	25	15	40	10
民眾黨	18	10	15	6
新黨	12	8	10	4

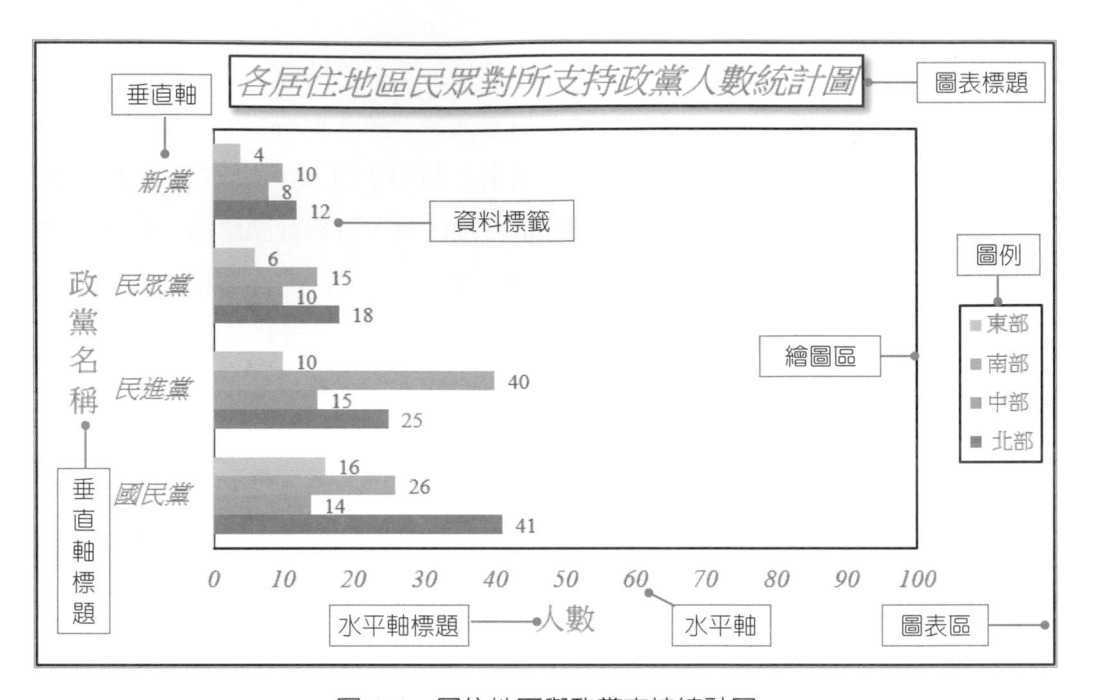

圖 4-1 居住地區與政黨支持統計圖

4-3-2 製作統計圖表

現在根據表 4-4 為說明,用 EXCEL 進行繪圖步驟如下:

1. 選取資料:

開啟「第四章 .xlsx」之「範例 4-3」工作表,選取資料範圍內任一儲存格,無須手動選取範圍 (A1:E5),系統會自動判斷出正確區域。

	A	B	C	D	E	F
1	政黨	北部	中部	南部	東部	
2	國民黨	41	14	26	16	
3	民進黨	25	15	40	10	
4	民眾黨	18	10	15	6	
5	新黨	12	8	10	4	
6						

2. 建立統計圖：

點選【插入→橫條圖】，選擇：平面橫條圖。

選取：群體橫條圖。

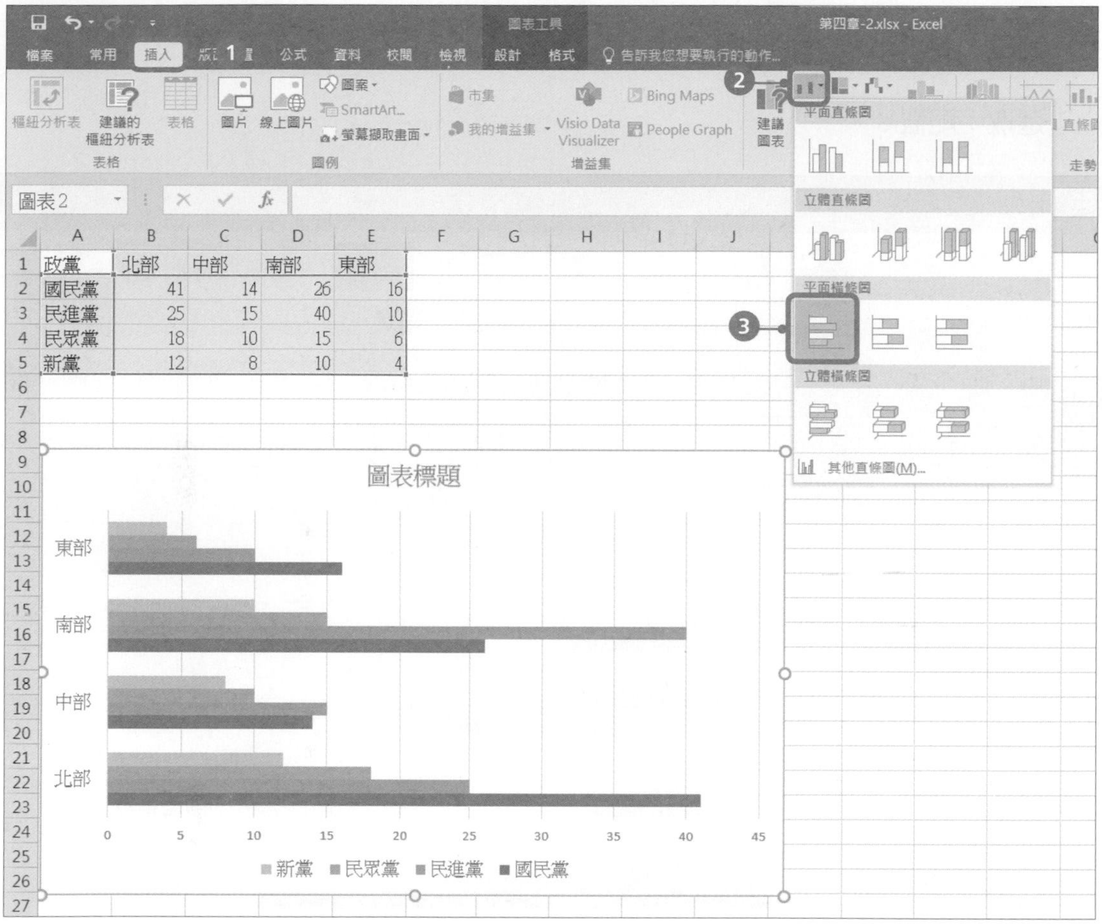

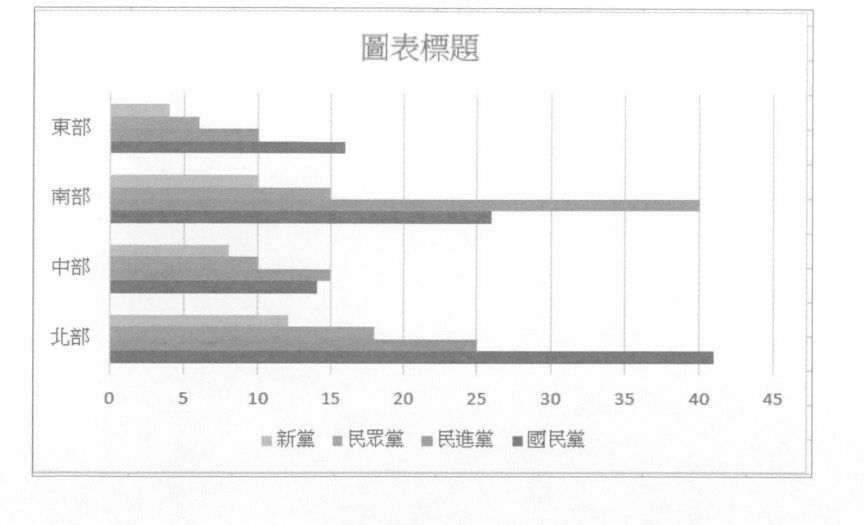

完成結果如下圖：

3. 挑選統計圖的版型：

完成步驟 2 的「群體橫條圖」後，可至「統計圖版面配置」，挑選適合的版型就可使統計圖的後續設定更有效率。

點選【圖表工具→設計】。

選取：配置 8。

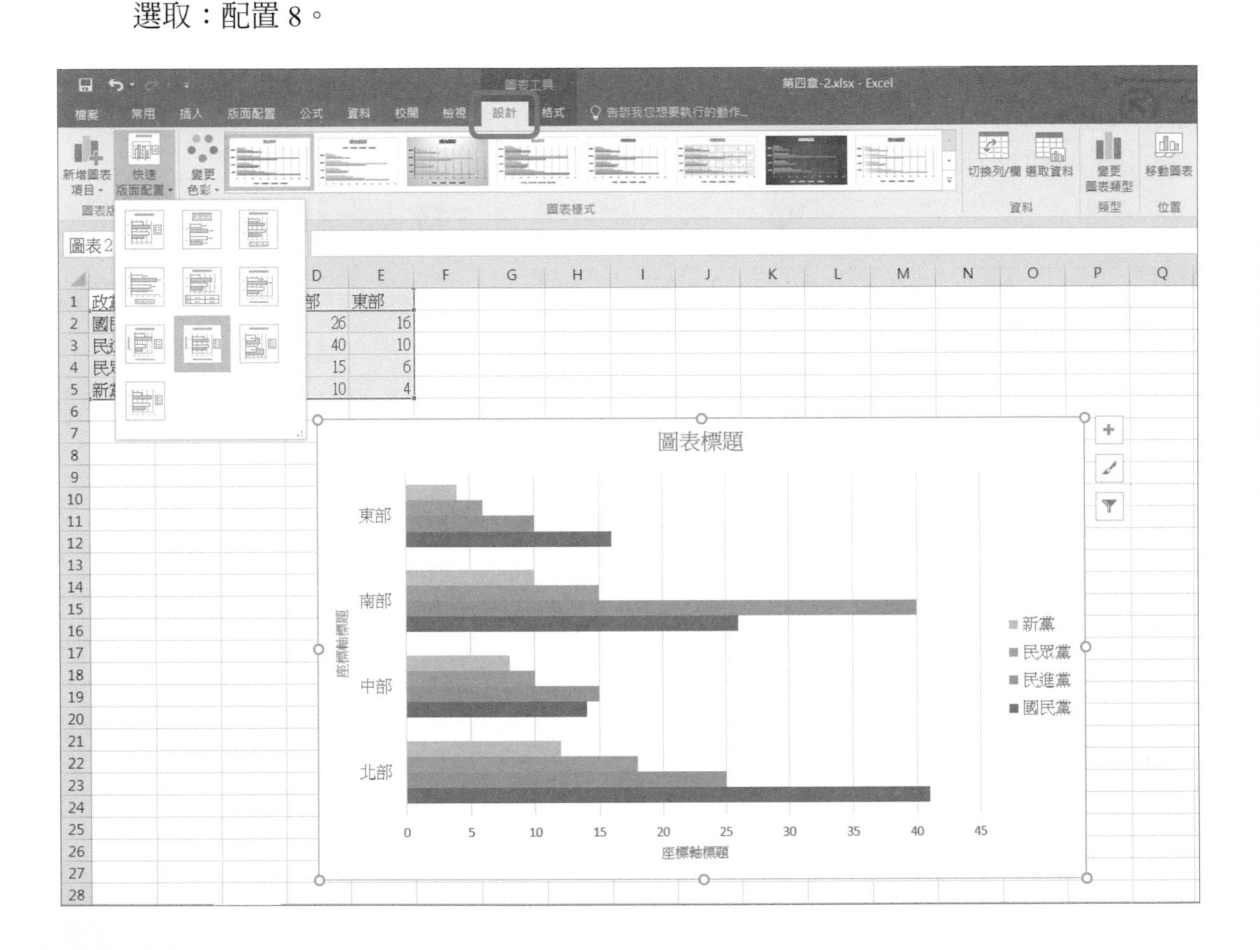

4. 設定框線：

統計圖中需要設定的框線有：(1) 圖表區、(2) 繪圖區、(3) 圖例。

下圖是圖表區外框線的設定步驟，請分別設定：繪圖區、圖例框線。

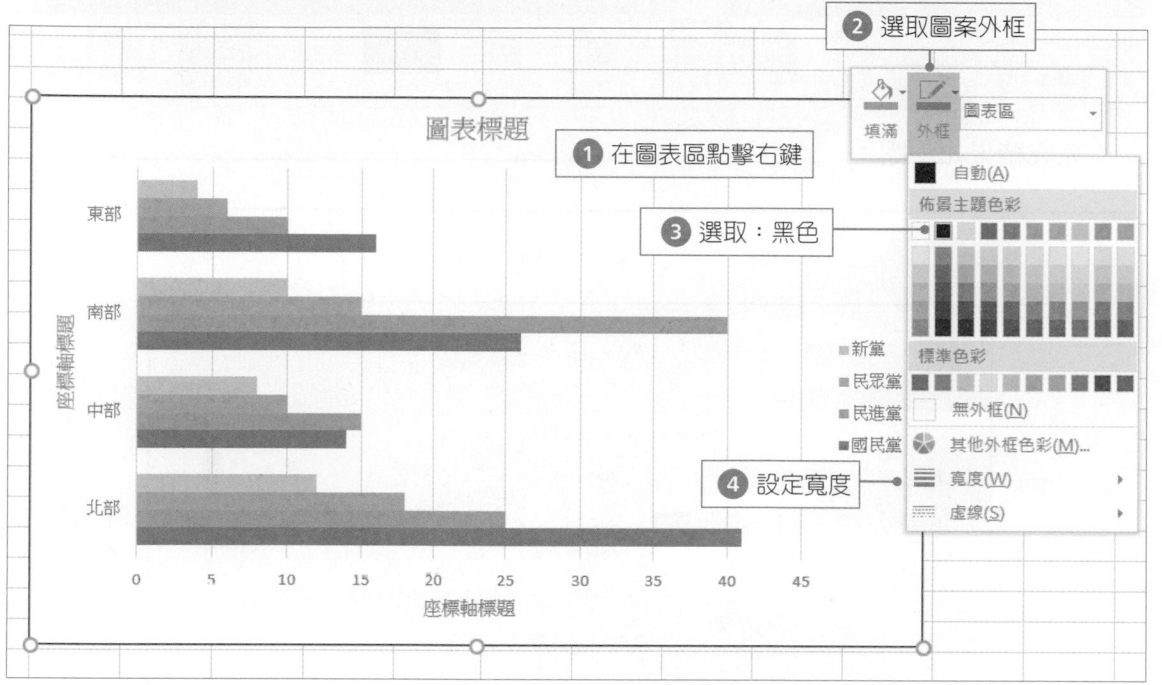

完成結果如下圖：

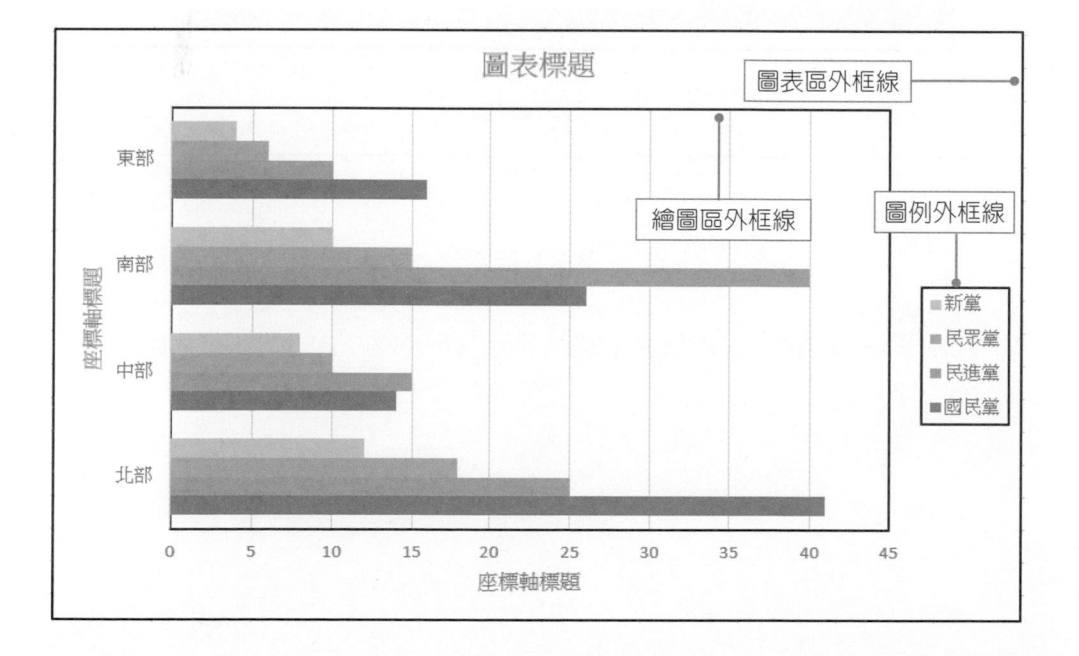

5. 調換座標軸資料：

　　點選【圖表工具→設計】，選取：切換列／欄。

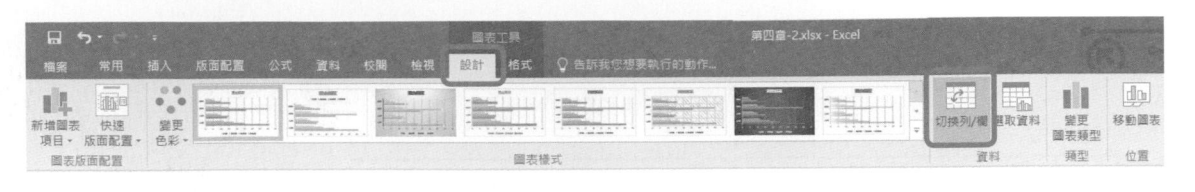

完成結果如下圖：

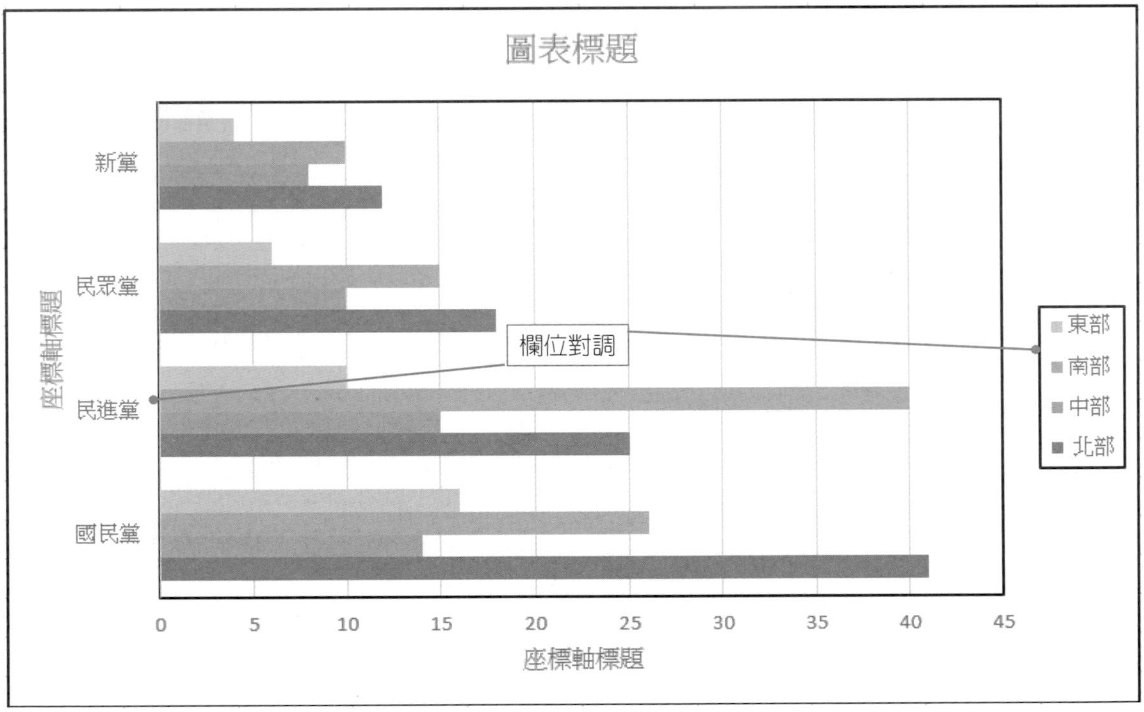

圖表標題

6. 設定垂直軸、水平軸刻度

滑鼠移到水平軸刻度上，連按滑鼠左鍵 2 下，出現設定座標軸格式對話方塊。

坐標軸選項：

● 最大值：45 → 100。

● 主要刻度間距：5 → 10。

7. 加入資料標籤

在新黨長條圖形上按右鍵，選取：新增資料標籤。

重複步驟完成新黨 4 個顏色長條圖形設定。

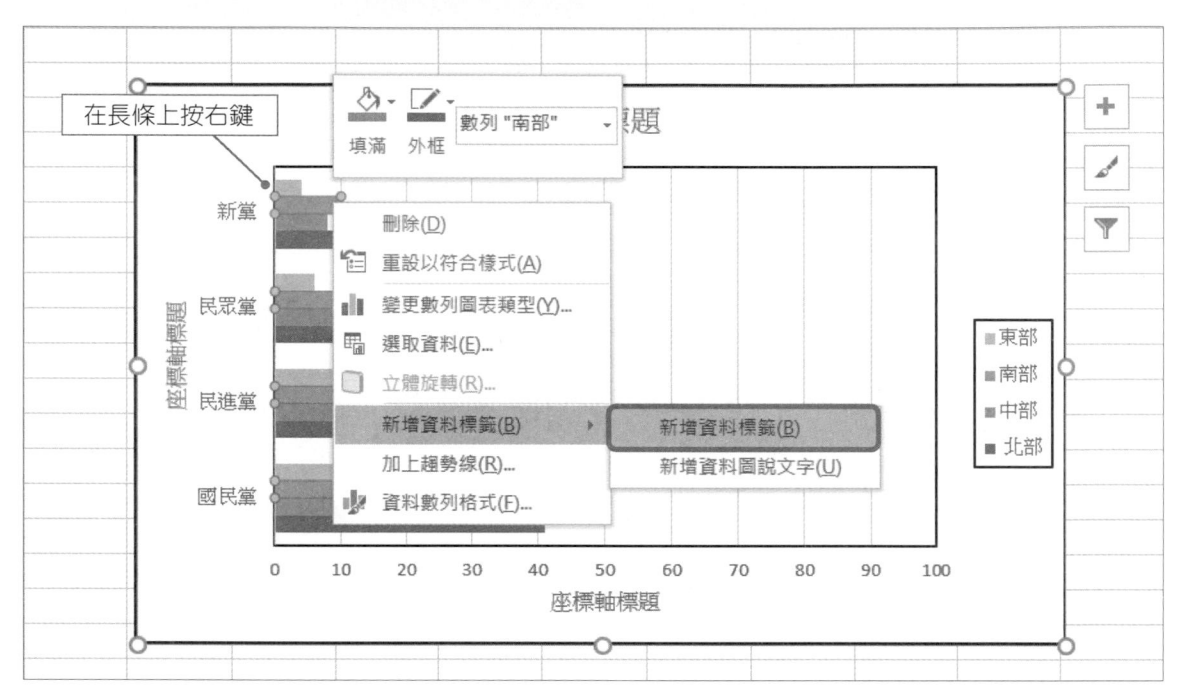

完成結果如下圖：

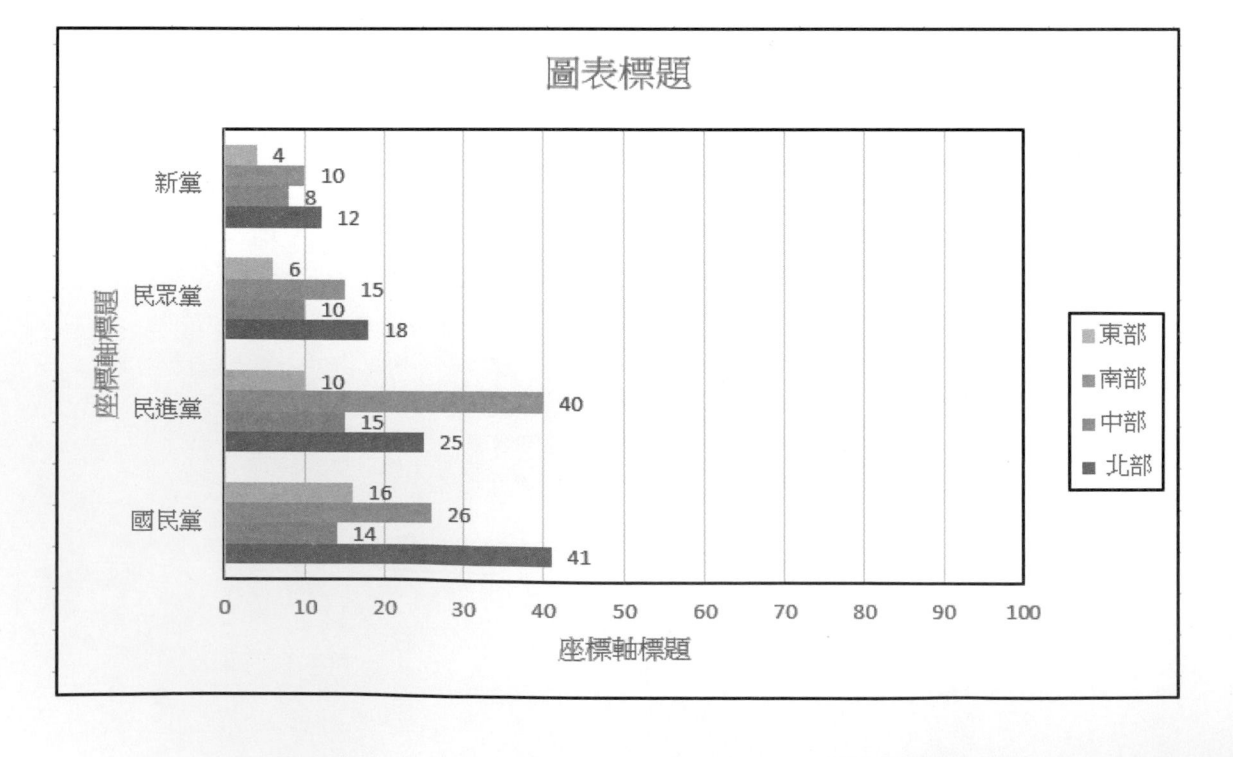

小技巧說明：

有時候圖形中物件太小難以選取時，可改用工具列來選取物件，上方步驟 7 以工具列來設定的步驟如下：

● 點選【圖表工具→格式→圖表項目】，選擇：數列 " 中部 "。

● 選取：資料標籤→終點外側。

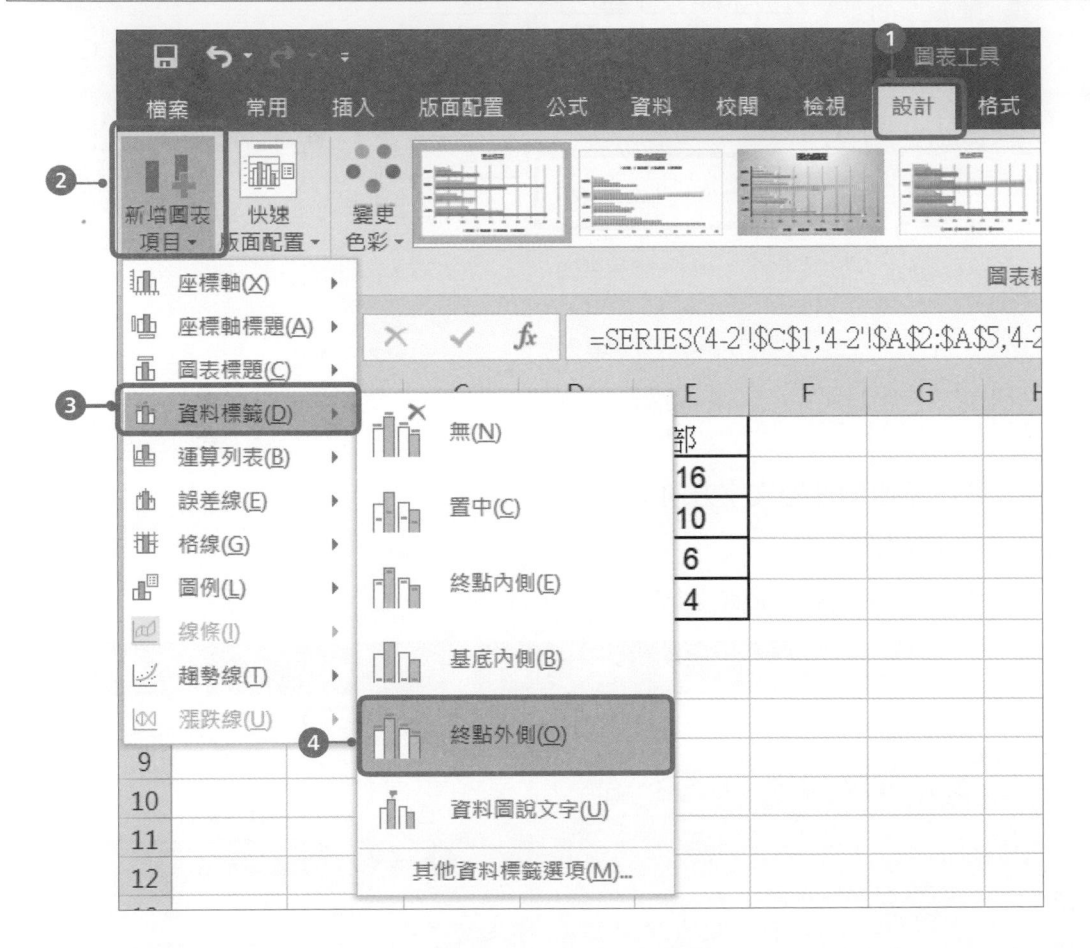

8. 取消水平、垂直格線：

選取繪圖區：點選【設計→新增圖表項目→格線】，選取：第一主垂直 (V)。

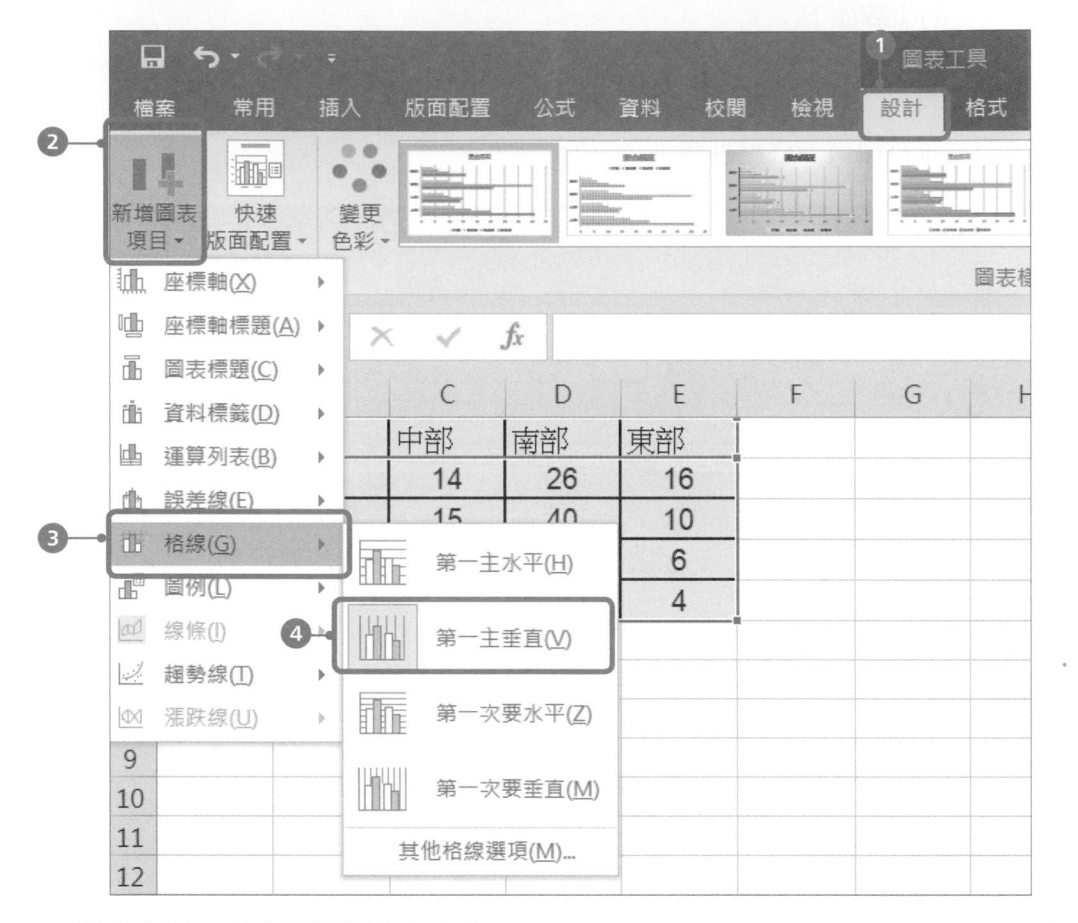

9. 設定水平、垂直軸標題文字方向：

選取：垂直軸標題。

點選【常用】→方向：垂直文字。

10. 標題設定陰影：

先完成圖表標題框線設定。

在圖表標題上按右鍵：圖表標題格式，點選陰影：預設，外陰影：右下方對角位移。

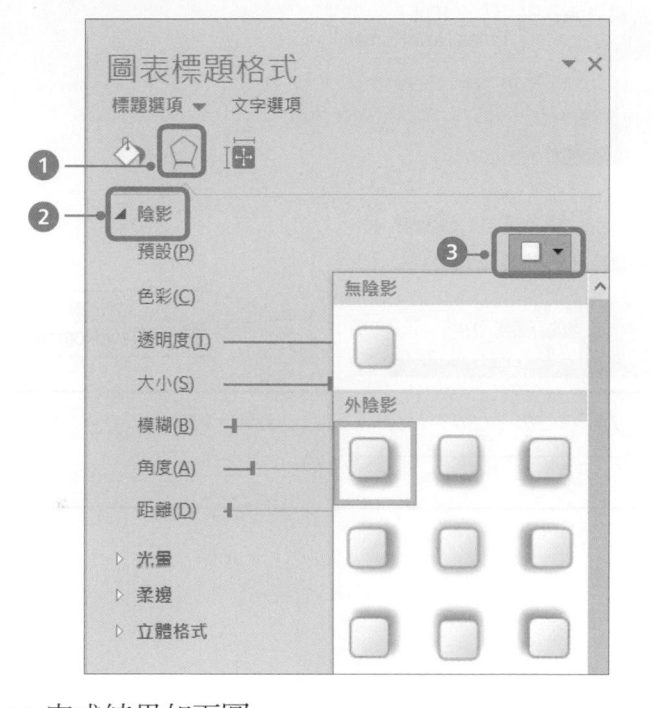

步驟 8、9、10 完成結果如下圖：

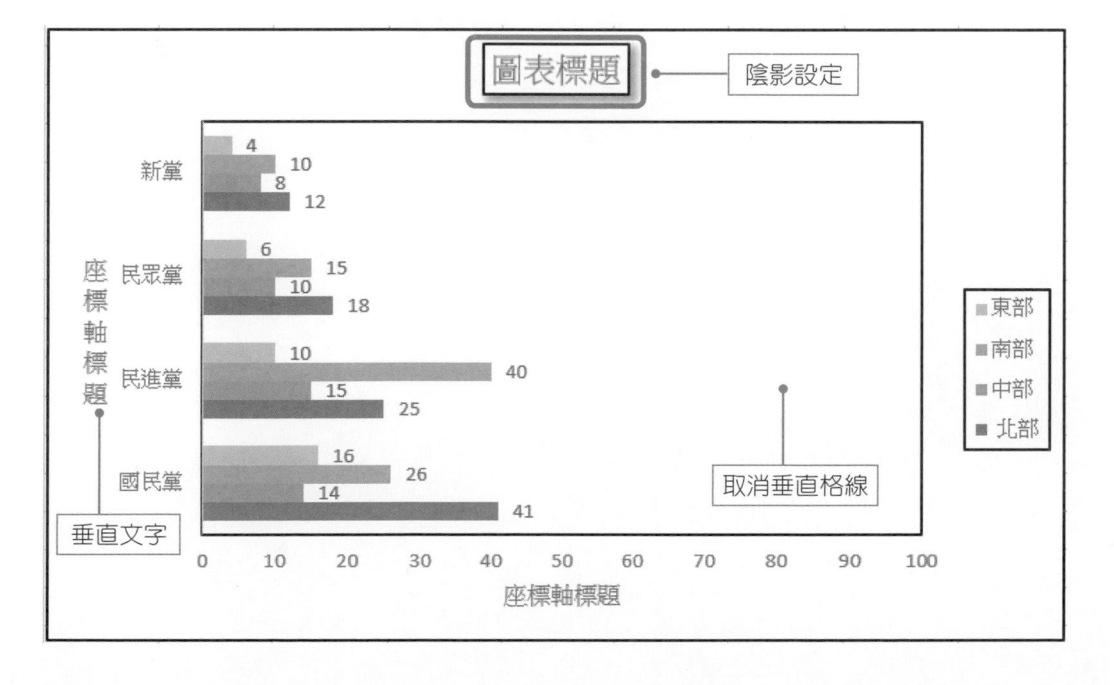

11.　輸入標題文字、設定字型、大小，完成如下圖：

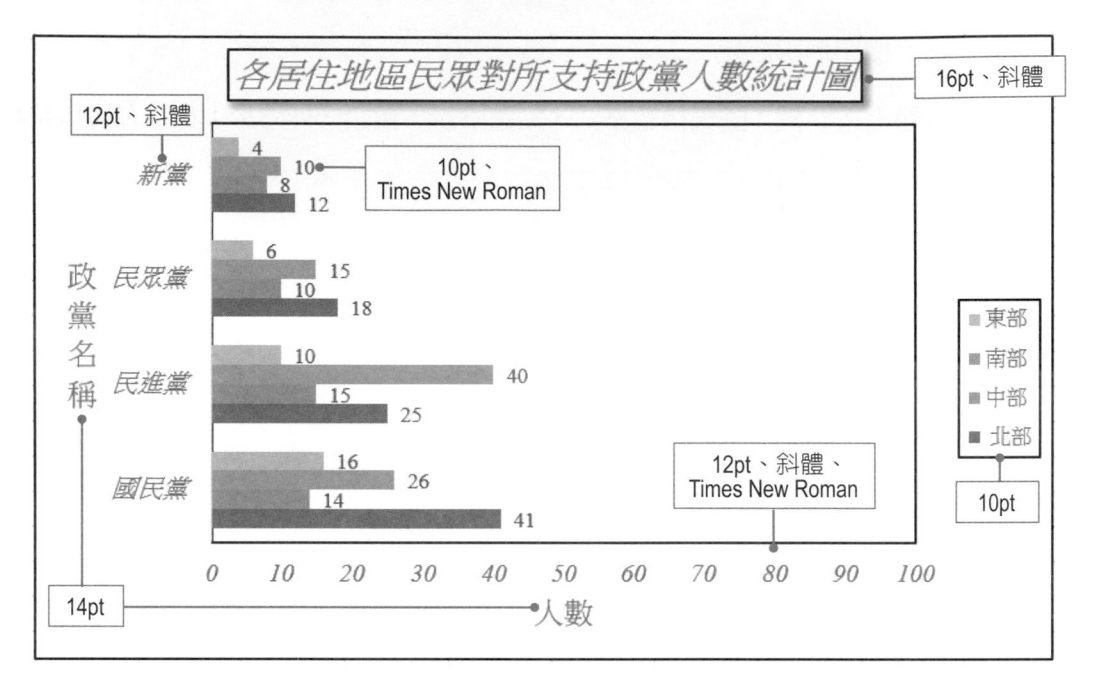

本章習題

1. 頂新公司民國 90 年產品銷售狀況資料如「第四章 .xlsx」之「習題 4-1」工作表（資料來源：勞動部軟體應用乙級題組五），請回答以下問題。

    (1)　請用 SUM 函數，求算產品銷售數量總和。

    (2)　請用 AVERAGE 函數，求算產品平均銷售量。

    (3)　請用 ROUND 函數，求算產品平均銷售量至小數第二位。

    (4)　請用 INT 函數，求算求算產品平均銷售量。

    (5)　請用 COUNT 函數，求算資料筆數。

    (6)　請用 LEFT 函數，列出 B38 左側 6 個字。

    (7)　請用 RIGHT 函數，列出 B38 右側 4 個字。

    (8)　請用 MID 函數，列出 B38 由第三個開始算起的 4 個字。

    (9)　請用 COUNTIF 函數，求算「王玉治」在 90 年度的銷售筆數。

    (10)　請用 SUMIF 函數，求算「林玉堂」在 90 年度的銷售總數量。

實務案例

學習目標

本章將以萬國 e 網就業通為案例,探討該機構在處理業務時所需使用的資料蒐集、處理、分析方法,藉以整合前述章節所教授的方法。

本章大綱

≫ 5-1 案例 1：具大學院校學歷之就業率調查

萬國 e 網就業通為一民間職業轉介機構，其設立宗旨為培訓民眾就業技能，提供一站式教育訓練服務，搭配證照考試、企業顧問諮詢、模擬面試等，打造專業人才培訓方案，提升職場競爭力。有鑑於近年來技專校院學用落差大，造成高學歷高失業率，因此想了解各技專校院的就業情況。

5-1-1 資料蒐集

公司為了瞭解目標客群 - 各大專院校的就業情況，上網（Google）蒐集有關資料。輸入關鍵字「中華民國統計資訊網」如下：

Google	中華民國統計資訊網	× 🎤 📷 🔍

Q 全部　📰 新聞　🖼 圖片　▶ 影片　📖 書籍　⋮ 更多　　　　　工具

約有 11,700,000 項結果 (搜尋時間：0.51 秒)

中華民國統計資訊網
https://www.stat.gov.tw ⋮
中華民國統計資訊網
重要經社指標，經濟成長率(yoy). 3.32%. 113年預測・消費者物價指數年增率. 2.93%. 112年9月・失業率. 3.56%. 112年8月・工業及服務業每人每月經常性薪資. 45,520元. 112年 ...

物價指數
統計表 - 試算表 - 簡介 - 電子書 - 新聞稿 - ...

全國統計資料
人口 - 其他 - 國民經濟 - 農林漁牧業 - 物價 - 衛生 - ...

國民所得及經濟成長
統計調查網路填報(e-survey)・統計調查管理作業事項・主要調查結果 ...

人口
人口靜態統計 - 生命統計 - 其他人口統計 - ...

stat.gov.tw 的其他相關資訊 »

圖 5-1　Google 網站搜尋 - 中華民國統計資訊網

在「中華民國統計資訊網」（圖 5-2）中之主計總處統計專區，點選「就業、失業統計」，藉此了解機構所感興趣的大專院校應屆畢業生的就業情況。

圖 5-2　中華民國統計資訊網

若想調查 111 年就業情況，可點選左側「就業、失業統計」後再選取「電子書」如圖 5-3，再點選「年報」選單如圖 5-4。右側會有下拉式選單出現，點選「111 年人力資源調查統計」如圖 5-5，即可看到「甲、歷年及月別數列統計」如圖 5-6。

圖 5-3　電子書選單

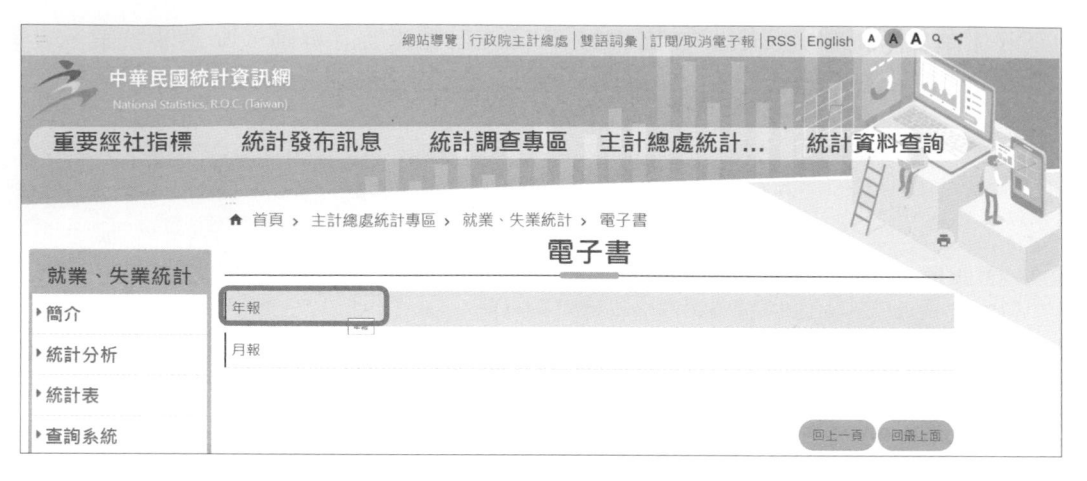

圖 5-4　年報選單

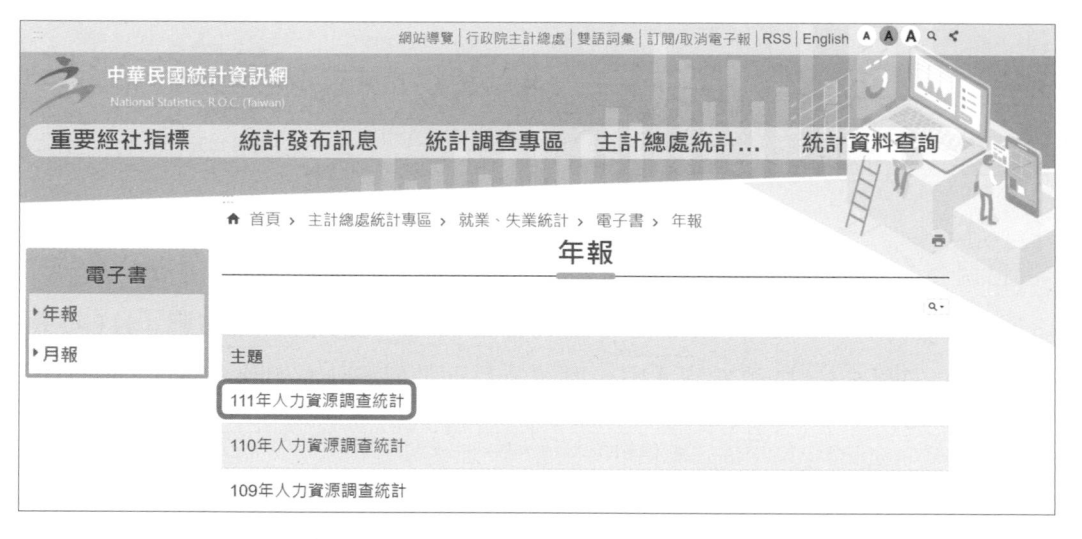

圖 5-5　111 年人力資源調查統計選單

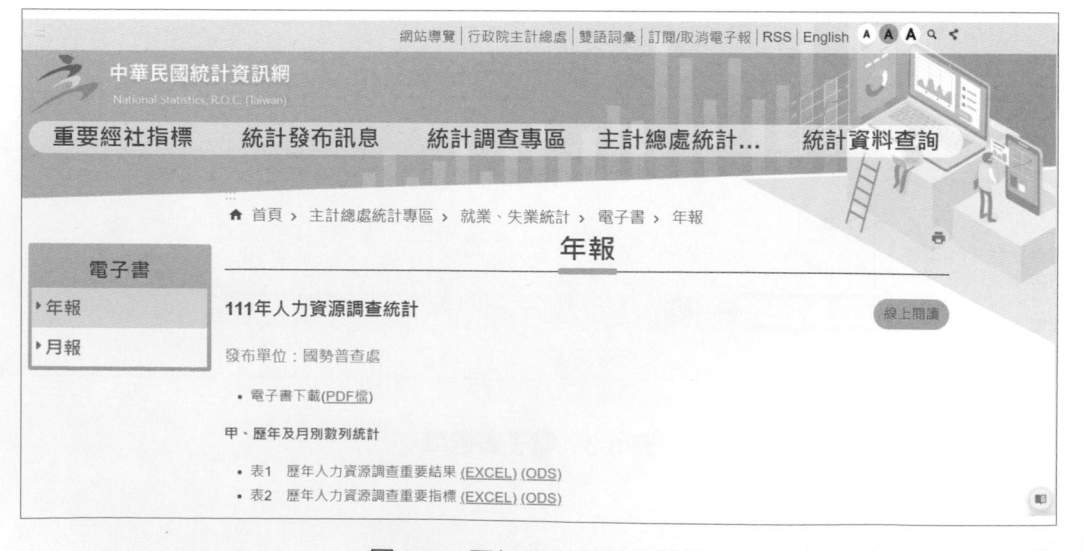

圖 5-6　歷年及月別數列統計

5-1-2 資料彙整

接下來，我們開啟圖 5-6 中的「表 7 歷年勞動力之教育程度」、「表 20 歷年失業者之教育程度」，並將資料彙整後儲存至 Excel 新檔「第五章 .xlsx」（5-1 111 年大專院校勞動力之教育程度）。

5-1-3 資料處理

開啟圖 5-6 中的表 7 歷年勞動力之教育程度檔案時，可以看到的原始版面如圖 5-7。刪除「67 年平均」~「110 年平均」以及「110 年 1~12 月」的所有欄位資料，篩檢後可得 111 年依教育程度分類之勞動力資料，如圖 5-8。另，在圖 5-6 中的表 20 歷年失業者之教育程度，依照上述程序，經整理可得 111 年依教育程度分類之待業人力資料資料，如圖 5-9：

圖 5-7 統計資料的表格

年月別	專科			大學			研究所			合計		
	小計	男	女	小計	男	女	小計	男	女	合計	男	女
111年平均	1,751	955	797	3,707	1,770	1,937	1,134	653	482	6,593	3,378	3,215
1月	1,784	972	812	3,647	1,709	1,938	1,123	640	484	6,554	3,320	3,234
2月	1,780	976	804	3,653	1,716	1,937	1,121	647	474	6,554	3,339	3,216
3月	1,770	976	794	3,650	1,728	1,922	1,121	643	478	6,541	3,347	3,194
4月	1,753	973	780	3,646	1,718	1,929	1,122	633	489	6,521	3,323	3,198
5月	1,744	963	781	3,641	1,725	1,916	1,120	633	487	6,506	3,321	3,185
6月	1,744	950	794	3,672	1,770	1,902	1,122	644	478	6,538	3,354	3,174
7月	1,741	943	798	3,694	1,774	1,920	1,136	671	465	6,570	3,387	3,183
8月	1,744	949	795	3,753	1,810	1,943	1,140	666	474	6,637	3,424	3,213
9月	1,740	953	787	3,771	1,821	1,950	1,144	652	492	6,655	3,425	3,230
10月	1,740	945	795	3,777	1,826	1,951	1,149	656	493	6,666	3,427	3,239
11月	1,740	932	809	3,788	1,828	1,960	1,154	670	484	6,682	3,429	3,253
12月	1,738	924	814	3,794	1,820	1,974	1,162	682	480	6,694	3,425	3,269

圖 5-8 大專院校 111 年平均及 111 年 1~12 月就業人數

年月別	專科			大學			研究所					
	小計	男	女	小計	男	女	小計	男	女	合計	男	女
111年平均	46	25	20	194	94	100	31	18	13	271	137	134
1月	46	22	24	187	89	98	30	14	16	262	124	138
2月	46	18	28	189	98	91	30	17	14	265	133	132
3月	47	23	24	192	97	95	31	19	12	270	139	131
4月	45	23	23	189	91	97	30	19	11	264	133	131
5月	46	24	22	189	98	91	31	19	11	266	141	124
6月	48	24	23	196	100	96	32	18	13	275	142	133
7月	47	28	19	202	97	105	32	22	10	281	147	134
8月	46	30	16	206	91	116	32	20	12	285	141	144
9月	44	29	15	199	86	113	32	17	15	276	132	143
10月	44	25	19	197	100	97	32	12	20	273	137	136
11月	45	26	19	195	95	100	33	17	16	273	138	135
12月	44	31	13	187	86	102	32	22	10	264	140	124

圖 5-9　大專院校 111 年平均及 111 年 1~12 月失業人數

爲了計算就業率，先定義就業率如下：

$$就業率=\frac{就業}{就業+待業(含其他)}$$

開啓「第五章 .xlsx」之「就業率」工作表，輸入計算式「= 就業 !B3/(就業 !B3+ 失業 !B3)」，拖曳後可得即可計算出 111 年之各學歷在不同月份的就業率。如全國專科學歷平均就業率爲 97.44%；其中專科男生的平均就業率爲 97.45%；專科女生的平均就業率爲將 97.55%，其餘類推。

年月別	專科			大學			研究所			大專及以上		
	整體	男	女	整體	男	女	整體	男	女	整體	男	女
111年平均	97.44%	97.45%	97.55%	95.03%	94.96%	95.09%	97.34%	97.32%	97.37%	96.05%	96.10%	96.00%
1月	97.49%	97.79%	97.13%	95.12%	95.05%	95.19%	97.40%	97.86%	96.80%	96.16%	96.40%	95.91%
2月	97.48%	98.19%	96.63%	95.08%	94.60%	95.51%	97.39%	97.44%	97.13%	96.11%	96.17%	96.06%
3月	97.41%	97.70%	97.07%	95.00%	94.68%	95.29%	97.31%	97.13%	97.55%	96.04%	96.01%	96.06%
4月	97.50%	97.69%	97.14%	95.07%	94.97%	95.21%	97.40%	97.09%	97.80%	96.11%	96.15%	96.06%
5月	97.43%	97.57%	97.26%	95.07%	94.62%	95.47%	97.31%	97.09%	97.79%	96.07%	95.93%	96.25%
6月	97.32%	97.54%	97.18%	94.93%	94.65%	95.20%	97.23%	97.28%	97.35%	95.96%	95.95%	95.98%
7月	97.37%	97.12%	97.67%	94.82%	94.82%	94.81%	97.26%	96.83%	97.89%	95.90%	95.84%	95.96%
8月	97.43%	96.94%	98.03%	94.80%	95.21%	94.37%	97.27%	97.08%	97.53%	95.88%	96.04%	95.71%
9月	97.53%	97.05%	98.13%	94.99%	95.49%	94.52%	97.28%	97.46%	97.04%	96.02%	96.29%	95.76%
10月	97.53%	97.42%	97.67%	95.04%	94.81%	95.26%	97.29%	98.20%	96.10%	96.07%	96.16%	95.97%
11月	97.48%	97.29%	97.71%	95.10%	95.06%	95.15%	97.22%	97.53%	96.80%	96.07%	96.13%	96.02%
12月	97.53%	96.75%	98.43%	95.30%	95.49%	95.09%	97.32%	96.88%	97.96%	96.21%	96.07%	96.35%

圖 5-10　大專院校 111 年平均及 111 年 1~12 月就業率

➤➤ 5-2　案例 2: 產業人力需求調查

　　萬國 e 網就業通為更精準掌握就業市場人才需求，進而開設相關輔助課程，需調查台灣目前的產業人才需求。

▋ 5-2-1　資料蒐集

　　公司為了瞭解潛在客群 - 各產業人才需求，上網蒐集有關資料。透過 Google 搜尋，輸入關鍵字：產業人才需求，出現相當豐富的資料連結，如「產業人才發展資訊網」（圖5-11）。

圖 5-11　產業人才發展資訊網

「經濟部工業局 - 政府出版品 , 2023~2025 年重點產業專業人才需求推估調查報告」（圖 5-12）。

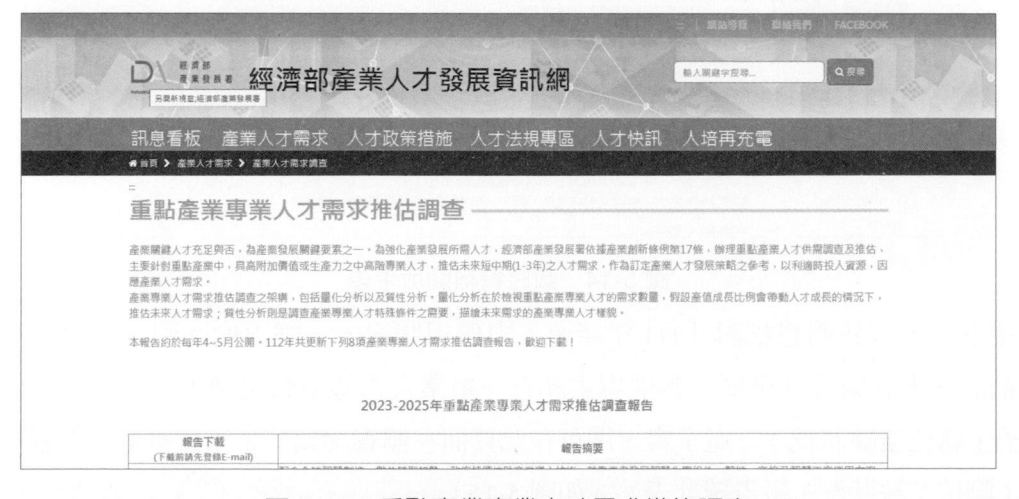

圖 5-12　重點產業專業人才需求推估調查

「產業人力供需資訊網」（圖 5-13），提供 2030 整體人力需求推估、未來 3 年重點產業人才調查及推估及人力供需現況調查等。

圖 5-13 產業人力供需資訊平台

政府建置了資料開放平臺供民眾查詢各種產業專業人才需求資訊，圖 5-14 的資料集列表植入「產業專業人才」查詢，即可呈現如「2021-2023 年資料服務產業專業人才需求調查」、「2020-2022 年資料服務產業專業人才需求調查」等。

圖 5-14 政府資料開放平臺

接下來，若我們想探討「111 年產業人力僱用狀況」，需再度回到「中華民國統計資訊網」－主計處統計專區－其他專案調查－事業人力僱用狀況調查－事業人力僱用狀況調查(職位空缺狀況)－電子書，即可在此頁面左側查詢到「各年度事業人力僱用狀況調查(職位空缺狀況)報告統計表」（如圖 5-15）。

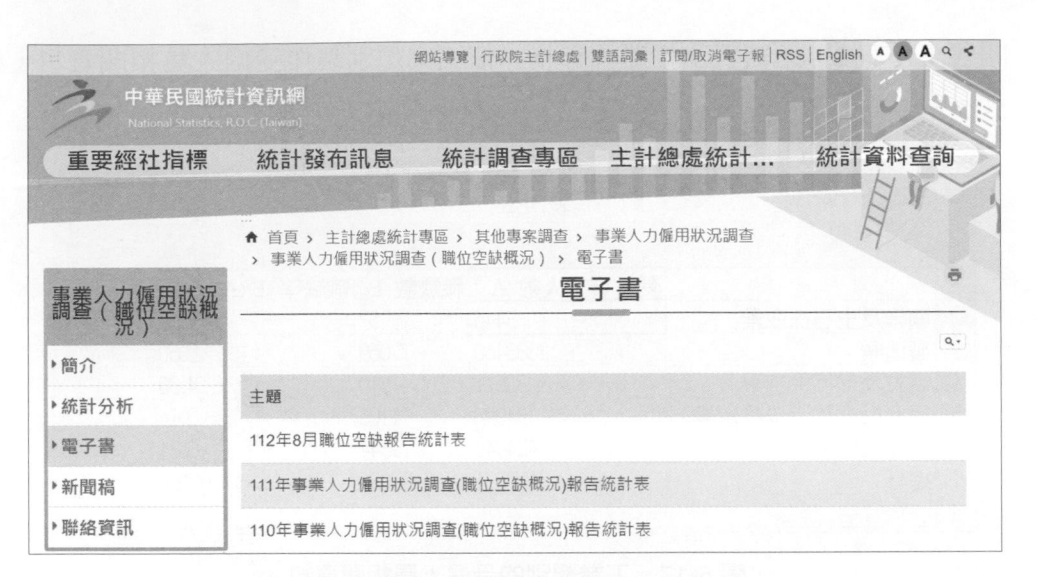

圖 5-15　事業人力僱用狀況調查報告統計表

　　點選「111 年事業人力僱用狀況調查 (職位空缺概況) 報告統計表」，下載「表 1 各業廠商職缺概況－按行業及員工規模分」的 XLS 檔。

5-2-2　資料處理

　　「111 年事業人力僱用狀況調查報告統計表」內有各類人力僱用狀況調查報告，本小節僅就其中「表 1 各業廠商職缺概況－按行業及員工規模分」資料，說明其處理方法與要點。

1. 開啓「表 1 各業廠商職缺概況－按行業及員工規模分」。

2. 開啓工作表 1，連結表 1 相關儲存格，製作工業、服務業的受僱人員相關資料，如圖 5-16。

A2	▾	f_x =表1!A13		
	A	B	C	D	E
1		受僱員工人數 A	職缺數 B	職缺率 B/(A＋B)	
2	工業	3439571	99086	2.80	
3	服務業	4751822	131169	2.69	
4					

圖 5-16　工業、服務業的受僱人員相關資料

3. 開啓工作表 2，連結表 1 相關儲存格，依工業類別製作受僱人員相關資料，如圖 5-17。

B2	▾ ⋮ ✕ ✓ _fx_	=表1!B18		
	A	B	C	D	E
1		受僱員工人數 A	職缺數 B	職缺率 B/(A＋B)	
2	礦業及土石採取業	3446	57	1.63	
3	製造業	2883460	77069	2.60	
4	電力及燃氣供應業	33619	1510	4.30	
5	用水供應及污染整治業	34098	1106	3.14	
6	營建工程業	484948	19344	3.84	
7	總計	3439571	99086	2.8	
8					

圖 5-17　工業類別的受僱人員相關資料

4. 開啓工作表 3，連結表 1 相關儲存格，依製造業類別製作受僱人員相關資料，如圖 5-18。

B2	▾ ⋮ ✕ ✓ _fx_	=表1!B28		
	A	B	C	D	E
1	製造業類別	受僱員工人數 A	職缺數 B	職缺率 B/(A＋B)	
2	石油及煤製品製造業	11519	14	0.12	
3	成衣及服飾品製造業	34547	429	1.23	
4	皮革、毛皮及其製品製造業	18353	265	1.42	
5	印刷及資料儲存媒體複製業	53175	954	1.76	
6	產業用機械設備維修及安裝業	46401	869	1.84	
7	橡膠製品製造業	38712	763	1.93	
8	化學原材料、肥料、氮化合物、　塑橡膠原料及人造纖維製造業	67179	1404	2.05	
9	木竹製品製造業	15925	337	2.07	
10	紡織業	90824	1961	2.11	
11	家具製造業	30195	715	2.31	
12	塑膠製品製造業	133233	3426	2.51	
13	電子零組件製造業	665208	17126	2.51	
14	食品及飼品製造業	135398	3558	2.56	
15	其他化學製品製造業	52610	1380	2.56	
16	金屬製品製造業	349365	9291	2.59	
17	汽車及其零件製造業	82649	2299	2.71	
18	其他製造業	88424	2485	2.73	
19	飲料及菸草製造業	15484	436	2.74	
20	其他運輸工具及其零件製造業	79276	2241	2.75	
21	電力設備及配備製造業	127684	3635	2.77	
22	機械設備製造業	238284	6908	2.82	
23	紙漿、紙及紙製品製造業	50488	1503	2.89	
24	基本金屬製造業	110816	3499	3.06	
25	電腦、電子產品及光學製品製造業	242142	7836	3.13	
26	非金屬礦物製品製造業	71015	2312	3.15	
27	藥品及醫用化學製品製造業	34554	1423	3.96	
28	製造業總計	2883460	77069	2.6	
29					

圖 5-18　製造業類別的受僱人員相關資料

5. 將工作表 3「製造業類別的受僱人員相關資料」依職缺率由大排至小，如圖 5-19。

A1	:	× ✓ fx	製造業類別			
	A		B	C	D	E
1	製造業類別		受僱員工人數 A	職缺數 B	職缺率 B/(A＋B)	
2	藥品及醫用化學製品製造業		34554	1423	3.96	
3	非金屬礦物製品製造業		71015	2312	3.15	
4	電腦、電子產品及光學製品製造業		242142	7836	3.13	
5	基本金屬製造業		110816	3499	3.06	
6	紙漿、紙及紙製品製造業		50488	1503	2.89	
7	機械設備製造業		238284	6908	2.82	
8	電力設備及配備製造業		127684	3635	2.77	
9	其他運輸工具及其零件製造業		79276	2241	2.75	
10	飲料及菸草製造業		15484	436	2.74	
11	其他製造業		88424	2485	2.73	
12	汽車及其零件製造業		82649	2299	2.71	
13	金屬製品製造業		349365	9291	2.59	
14	食品及飼品製造業		135398	3558	2.56	
15	其他化學製品製造業		52610	1380	2.56	
16	塑膠製品製造業		133233	3426	2.51	
17	電子零組件製造業		665208	17126	2.51	
18	家具製造業		30195	715	2.31	
19	紡織業		90824	1961	2.11	
20	木竹製品製造業		15925	337	2.07	
21	化學原材料、肥料、氮化合物、 塑橡膠原料及人造纖維製造業		67179	1404	2.05	
22	橡膠製品製造業		38712	763	1.93	
23	產業用機械設備維修及安裝業		46401	869	1.84	
24	印刷及資料儲存媒體複製業		53175	954	1.76	
25	皮革、毛皮及其製品製造業		18353	265	1.42	
26	成衣及服飾品製造業		34547	429	1.23	
27	石油及煤製品製造業		11519	14	0.12	
28	製造業總計		2883460	77069	2.6	
29						

圖 5-19 依職缺率排序製造業類別的受僱人員相關資料

6. 開啟工作表 4，連結表 1 相關儲存格，依服務業類別製作受僱人員相關資料，如圖 5-20。

A2	:	× ✓ fx	=表1!G31			
	A		B	C	D	E
1			受僱員工人數 A	職缺數 B	職缺率 B/(A＋B)	
2	教育業(不含小學以上各級學校等)		144852	2818	1.91	
3	批發及零售業		1707221	39748	2.28	
4	醫療保健及社會工作服務業		471787	11318	2.34	
5	金融及保險業		398364	9687	2.37	
6	運輸及倉儲業		292838	7420	2.47	
7	專業、科學及技術服務業		308042	8846	2.79	
8	支援服務業		406800	11784	2.82	
9	出版、影音製作、傳播及資通訊服務業		242111	7444	2.98	
10	不動產業		128954	4436	3.33	
11	其他服務業		104629	4372	4.01	
12	藝術、娛樂及休閒服務業		62855	2641	4.03	
13	住宿及餐飲業		483369	20655	4.10	
14	服務業總計		4751822	131169	2.69	
15						

圖 5-20 服務業類別的受僱人員相關資料

7. 將工作表 4「服務業類別的受僱人員相關資料」依職缺率由大排至小，如圖 5-21。

	A	受僱員工人數 A	職缺數 B	職缺率 B/(A＋B)	E
1		受僱員工人數 A	職缺數 B	職缺率 B/(A＋B)	
2	住宿及餐飲業	483369	20655	4.10	
3	藝術、娛樂及休閒服務業	62855	2641	4.03	
4	其他服務業	104629	4372	4.01	
5	不動產業	128954	4436	3.33	
6	出版、影音製作、傳播及資通訊服務業	242111	7444	2.98	
7	支援服務業	406800	11784	2.82	
8	專業、科學及技術服務業	308042	8846	2.79	
9	運輸及倉儲業	292838	7420	2.47	
10	金融及保險業	398364	9687	2.37	
11	醫療保健及社會工作服務業	471787	11318	2.34	
12	批發及零售業	1707221	39748	2.28	
13	教育業(不含小學以上各級學校等)	144852	2818	1.91	
14	服務業總計	4751822	131169	2.69	
15					

圖 5-21　依職缺率排序服務業類別的受僱人員相關資料

5-2-3　資料分析

經上一節的處料處理可知，各產業、各類別的人才需求職缺率來看，各產業、各類別並無太大差異。然而有些產業、類別的人才需求較大，在同樣的人才職缺率來說，會產生較大的人才需求，影響該產業的發展。以工業類中的製造業來說，分析如下：

1. 開啟「表 1 各業廠商職缺概況－按行業及員工規模分」。

2. 將工作表 3「製造業類別」，以「值」的方式，去除儲存格的公式，如圖 5-22，複製到工作表 5。

| A1 | ▾ | : | × | ✓ | fx | 製造業類別 |

	A	B	C	D	E
1	製造業類別	受僱員工人數 A	職缺數 B	職缺率 B/(A＋B)	
2	藥品及醫用化學製品製造業	34554	1423	3.96	
3	非金屬礦物製品製造業	71015	2312	3.15	
4	電腦、電子產品及光學製品製造業	242142	7836	3.13	
5	基本金屬製造業	110816	3499	3.06	
6	紙漿、紙及紙製品製造業	50488	1503	2.89	
7	機械設備製造業	238284	6908	2.82	
8	電力設備及配備製造業	127684	3635	2.77	
9	其他運輸工具及其零件製造業	79276	2241	2.75	
10	飲料及菸草製造業	15484	436	2.74	
11	其他製造業	88424	2485	2.73	
12	汽車及其零件製造業	82649	2299	2.71	
13	金屬製品製造業	349365	9291	2.59	
14	食品及飼品製造業	135398	3558	2.56	
15	其他化學製品製造業	52610	1380	2.56	
16	塑膠製品製造業	133233	3426	2.51	
17	電子零組件製造業	665208	17126	2.51	
18	家具製造業	30195	715	2.31	
19	紡織業	90824	1961	2.11	
20	木竹製品製造業	15925	337	2.07	
21	化學原材料、肥料、氮化合物、　塑橡膠原料及人造纖維製造業	67179	1404	2.05	
22	橡膠製品製造業	38712	763	1.93	
23	產業用機械設備維修及安裝業	46401	869	1.84	
24	印刷及資料儲存媒體複製業	53175	954	1.76	
25	皮革、毛皮及其製品製造業	18353	265	1.42	
26	成衣及服飾品製造業	34547	429	1.23	
27	石油及煤製品製造業	11519	14	0.12	
28	製造業總計	2883460	77069	2.6	
29					

| B2 | ▾ | : | × | ✓ | fx | 34554 |

	A	B	C	D	E
1	製造業類別	受僱員工人數 A	職缺數 B	職缺率 B/(A＋B)	
2	藥品及醫用化學製品製造業	34554	1423	3.96	
3	非金屬礦物製品製造業	71015	2312	3.15	
4	電腦、電子產品及光學製品製造業	242142	7836	3.13	
5	基本金屬製造業	110816	3499	3.06	
6	紙漿、紙及紙製品製造業	50488	1503	2.89	
7	機械設備製造業	238284	6908	2.82	
8	電力設備及配備製造業	127684	3635	2.77	
9	其他運輸工具及其零件製造業	79276	2241	2.75	
10	飲料及菸草製造業	15484	436	2.74	
11	其他製造業	88424	2485	2.73	
12	汽車及其零件製造業	82649	2299	2.71	
13	金屬製品製造業	349365	9291	2.59	
14	食品及飼品製造業	135398	3558	2.56	
15	其他化學製品製造業	52610	1380	2.56	
16	塑膠製品製造業	133233	3426	2.51	
17	電子零組件製造業	665208	17126	2.51	
18	家具製造業	30195	715	2.31	
19	紡織業	90824	1961	2.11	
20	木竹製品製造業	15925	337	2.07	
21	化學原材料、肥料、氮化合物、　塑橡膠原料及人造纖維製造業	67179	1404	2.05	
22	橡膠製品製造業	38712	763	1.93	
23	產業用機械設備維修及安裝業	46401	869	1.84	
24	印刷及資料儲存媒體複製業	53175	954	1.76	
25	皮革、毛皮及其製品製造業	18353	265	1.42	
26	成衣及服飾品製造業	34547	429	1.23	
27	石油及煤製品製造業	11519	14	0.12	
28	製造業總計	2883460	77069	2.6	
29					

圖 5-22　製作工作表 5

3. 製作製造業類別中，各產業受僱員工佔總製造業受僱員工的百分比及空缺員工佔總製造業空缺員工的百分比，格式如圖 5-23。

	A	B	C	D	E
K29					
1	製造業類別	受僱員工人數 A	受僱員工%	空缺員工人數 B	空缺員工%
2	電子零組件製造業	665208		17126	
3	金屬製品製造業	349365		9291	
4	電腦、電子產品及光學製品製造業	242142		7836	
5	機械設備製造業	238284		6908	
6	食品及飼品製造業	135398		3558	
7	塑膠製品製造業	133233		3426	
8	電力設備及配備製造業	127684		3635	
9	基本金屬製造業	110816		3499	
10	紡織業	90824		1961	

圖 5-23　人數轉為 % 的格式

4. 在儲存格「C2」計算「電子零組件製造業」在總製造業受僱員工的百分比，公式如圖 5-24。公式加了絕對位址「$」是爲了能複製到「C3」、「C4」、「C5」……。

	A	B	C	D	E
C2			=B2/$B$28		
1	製造業類別	受僱員工人數 A	受僱員工%	空缺員工人數 B	空缺員工%
2	電子零組件製造業	665208	23.07%	17126	
3	金屬製品製造業	349365		9291	
4	電腦、電子產品及光學製品製造業	242142		7836	
5	機械設備製造業	238284		6908	
6	食品及飼品製造業	135398		3558	
7	塑膠製品製造業	133233		3426	
8	電力設備及配備製造業	127684		3635	
9	基本金屬製造業	110816		3499	
10	紡織業	90824		1961	

圖 5-24　「C2」的公式

5. 將「C2」的公式複製到「C3」、「C4」、「C5」、……，如圖 5-25。

	A	B	C	D	E
C2			=B2/$B$28		
1	製造業類別	受僱員工人數 A	受僱員工%	空缺員工人數 B	空缺員工%
2	電子零組件製造業	665208	23.07%	17126	
3	金屬製品製造業	349365	12.12%	9291	
4	電腦、電子產品及光學製品製造業	242142	8.40%	7836	
5	機械設備製造業	238284	8.26%	6908	
6	食品及飼品製造業	135398	4.70%	3558	
7	塑膠製品製造業	133233	4.62%	3426	
8	電力設備及配備製造業	127684	4.43%	3635	
9	基本金屬製造業	110816	3.84%	3499	
10	紡織業	90824	3.15%	1961	

圖 5-25　完成「C」欄位

6. 除了最後一列「製造業總計」，選取其餘的資料，按照受僱員工％。由大至小排序，如圖 5-26。

圖 5-26　排序

7. 排序完後，可發現 288 萬多的製造業員工，主要集中在「電子零組件製造業」23.07%、「金屬製品製造業」12.12%、「電腦、電子產品及光學製品製造業」8.40%、「機械設備製造業」8.26%。

8. 製作受僱員工％的長條圖。首先選取「製造業類別」，按住「Ctrl」，再選取「受僱員工％」。點選【插入→直條圖→平面直條圖】，可得到各製造業類別的受僱員工％的長條圖，如圖 5-27。

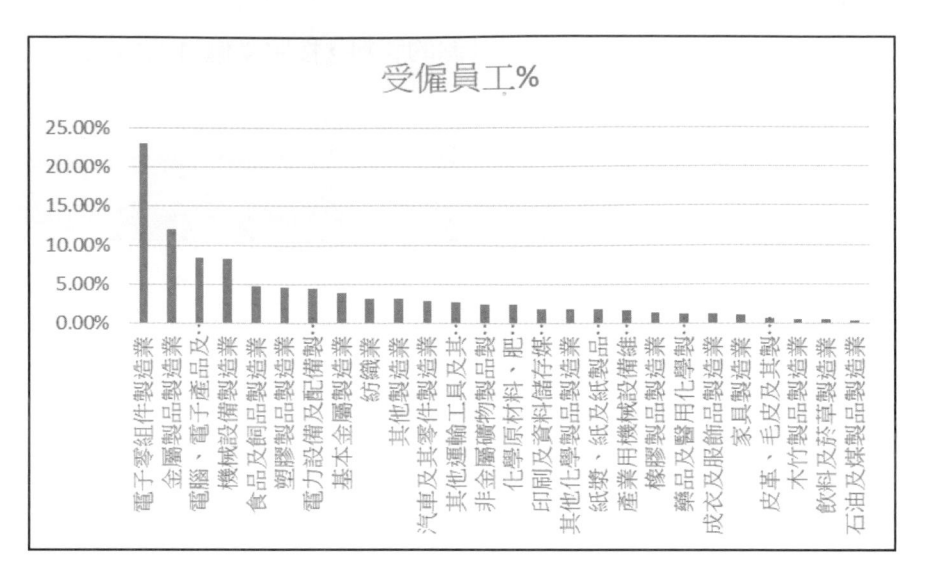

圖 5-27　受僱員工 % 的長條圖

9. 將工作表 5 複製到工作表 6，製作空缺員工佔總製造業空缺員工的百分比。

10. 仿照前面第 4、第 5 步驟，可完成「空缺員工 %」的欄位。其結果顯示，「空缺員工 %」的排序結果和「受僱員工 %」的排序結果幾乎完全一樣，如圖 5-28。這也證明了我們一開始的觀察「各產業、各類別的人才需求職缺率並無太大差異」。

	A	B	C	D	E	F
1	製造業類別	受僱員工人數 A	受僱員工%	空缺員工人數 B	空缺員工%	
2	電子零組件製造業	665208	23.07%	17126	22.22%	
3	金屬製品製造業	349365	12.12%	9291	12.06%	
4	電腦、電子產品及光學製品製造業	242142	8.40%	7836	10.17%	
5	機械設備製造業	238284	8.26%	6908	8.96%	
6	食品及飼品製造業	135398	4.70%	3558	4.62%	
7	塑膠製品製造業	133233	4.62%	3426	4.45%	
8	電力設備及配備製造業	127684	4.43%	3635	4.72%	
9	基本金屬製造業	110816	3.84%	3499	4.54%	
10	紡織業	90824	3.15%	1961	2.54%	
11	其他製造業	88424	3.07%	2485	3.22%	
12	汽車及其零件製造業	82649	2.87%	2299	2.98%	
13	其他運輸工具及其零件製造業	79276	2.75%	2241	2.91%	
14	非金屬礦物製品製造業	71015	2.46%	2312	3.00%	
15	化學原材料、肥料、氮化合物、　　塑橡膠原料及人造纖維製造業	67179	2.33%	1404	1.82%	
16	印刷及資料儲存媒體複製業	53175	1.84%	954	1.24%	
17	其他化學製品製造業	52610	1.82%	1380	1.79%	
18	紙漿、紙及紙製品製造業	50488	1.75%	1503	1.95%	
19	產業用機械設備維修及安裝業	46401	1.61%	869	1.13%	
20	橡膠製品製造業	38712	1.34%	763	0.99%	
21	藥品及醫用化學製品製造業	34554	1.20%	1423	1.85%	
22	成衣及服飾品製造業	34547	1.20%	429	0.56%	
23	家具製造業	30195	1.05%	715	0.93%	
24	皮革、毛皮及其製品製造業	18353	0.64%	265	0.34%	
25	木竹製品製造業	15925	0.55%	337	0.44%	
26	飲料及菸草製造業	15484	0.54%	436	0.57%	
27	石油及煤製品製造業	11519	0.40%	14	0.02%	
28	製造業總計	2883460	100.00%	77069	100.00%	
29						

圖 5-28　「受僱員工 %」與「空缺員工 %」排序結果

▶▶ 5-3　案例 3：網路問卷調查

萬國 e 網就業通為瞭解人力市場的需求狀況，除了透過網路蒐集相關的次級資料外，也想自己建置網路問卷，針對研究主題進行資料蒐集。

▌5-3-1　問卷建置

本節將介紹如何透過 Google 表單，建置網路問卷，進行資料蒐集。

1. 申請帳號，登入 Google，如圖 5-29。

圖 5-29　登入 Google

2. 進入雲端硬碟，如圖 5-30。

圖 5-30 進入雲端硬碟

3. 建立一個專門放問卷的資料夾，如圖 5-31。

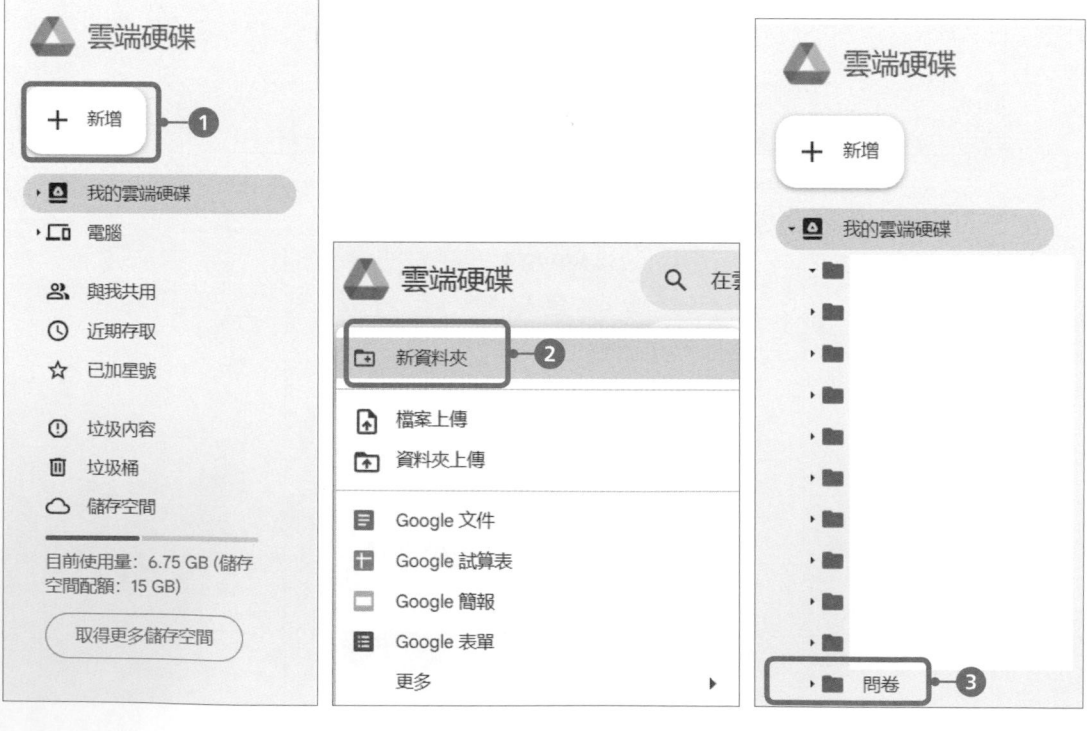

圖 5-31 建立「問卷」資料夾

4. 點選【新增→Google 表單】，如圖 5-32。進入問卷建置畫面，如圖 5-33。

圖 5-32 點選【新增→Google 表單】

圖 5-33 問卷建置畫面

5. 輸入問卷標題及此份問卷的目的,如圖 5-34。

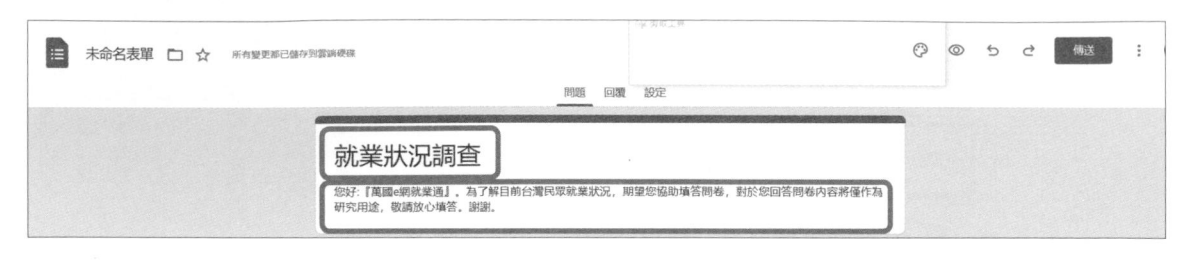

圖 5-34 問卷標題

6. 單選題輸入方式,如圖 5-35。

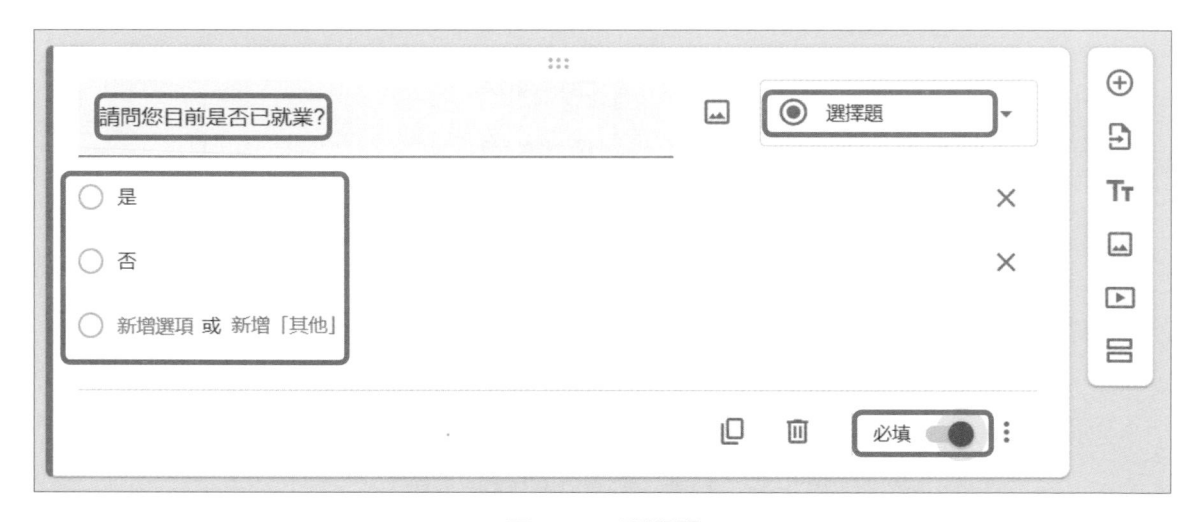

圖 5-35 單選題

7. 新增問題,如圖 5-36。

圖 5-36 新增單選題

8. 複選題輸入方式，如圖 5-37。

圖 5-37　複選題

9. 簡答題輸入方式，如圖 5-38。

圖 5-38　簡答題

10. 依據所選答案，跳至不同問卷，如圖 5-39。

圖 5-39　跳答問卷

11. 預覽、傳送問卷，如圖 5-40。

圖 5-40　預覽、傳送問卷

12. 點選「傳送」問卷後，可得問卷網址，如圖 5-41。

圖 5-41　問卷網址

13. 問卷回覆的簡易統計及詳細 Excel 檔案，如圖 5-42。

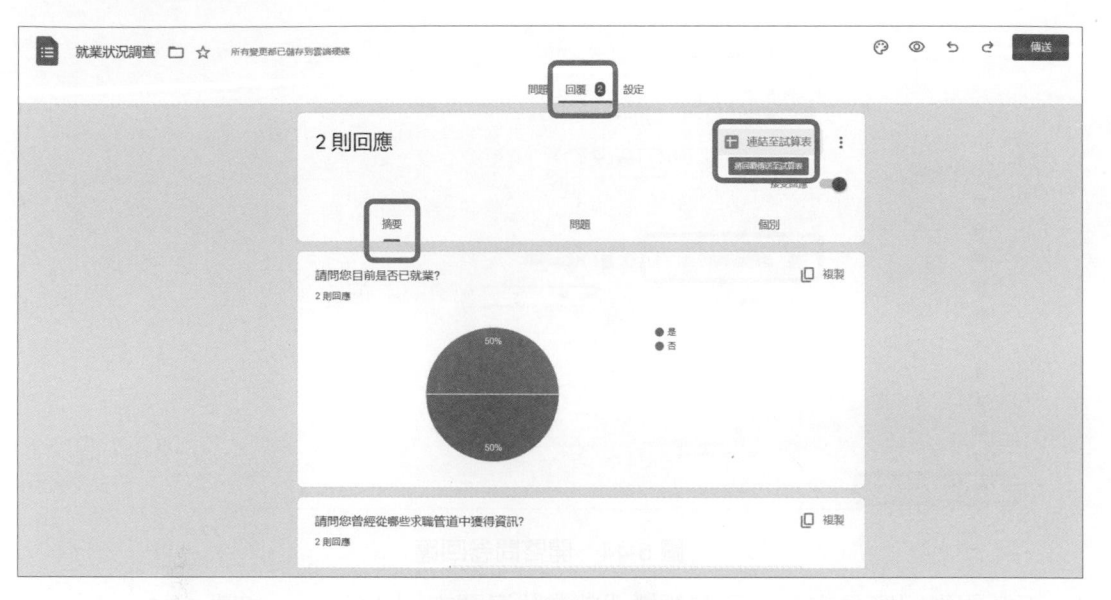

圖 5-42　問卷回覆

5-3-2　問卷整理

本節將介紹如何整理由 Google 表單所蒐集到的問卷內容。

1. 將問卷回覆內容，建立為新試算表，如圖 5-43。

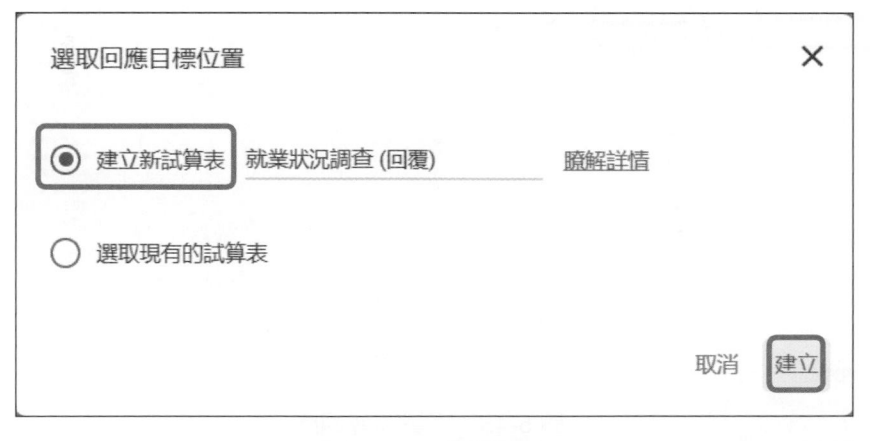

圖 5-43　問卷回覆

2. 由雲端硬碟開啓問卷回應內容，如圖 5-44。

圖 5-44　開啓問卷回應

3. 下載問卷回應內容，並另存新檔「就業狀況調查 (回應)」，如圖 5-45。

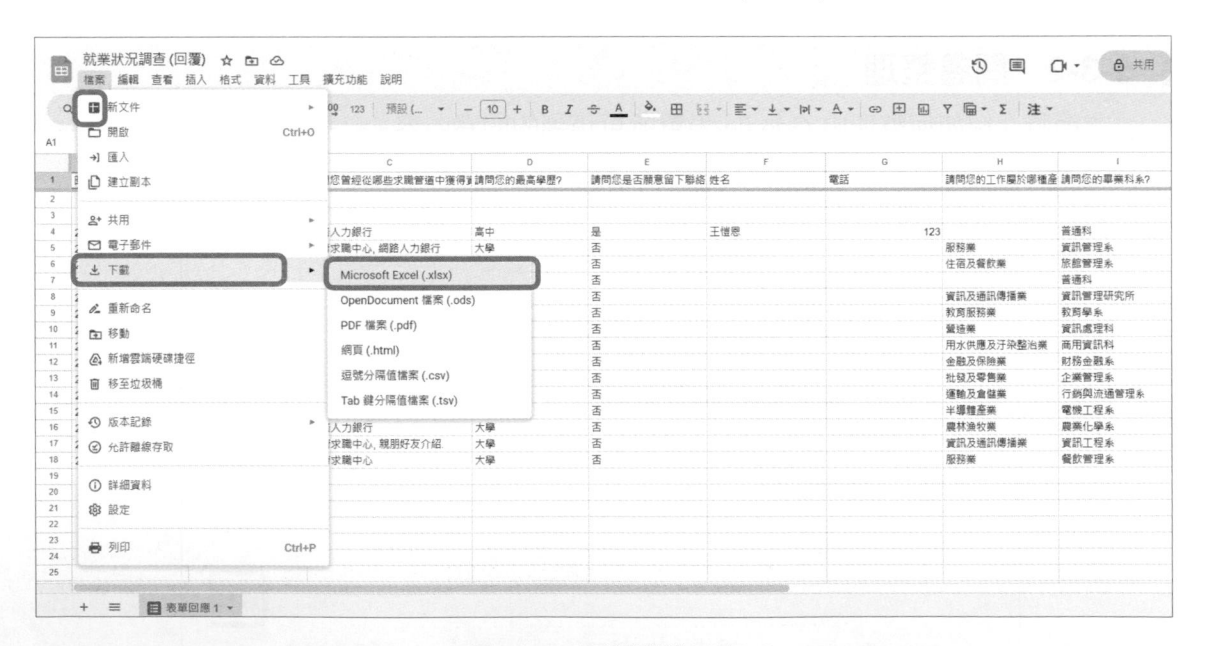

圖 5-45　下載問卷回應

5-3-3　問卷分析

本節將介紹如何分析由 Google 表單所蒐集到的問卷內容。首先開啓「就業狀況調查 (回應)」。

1. 使用【樞紐分析表】描述單一變數的資料統計。

2. 操作方法爲點選工作表表單回應1任一儲存格【插入→樞紐分析表】，勾選右側「請問您是否已就業」爲「列標籤」，再將「請問您是否已就業」拉至「值」，即可統計該題目選項的個數，如圖 5-46。

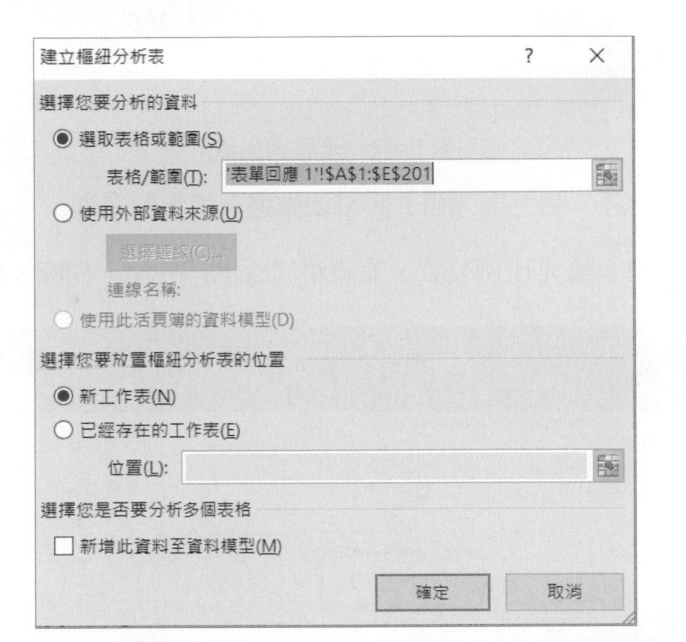

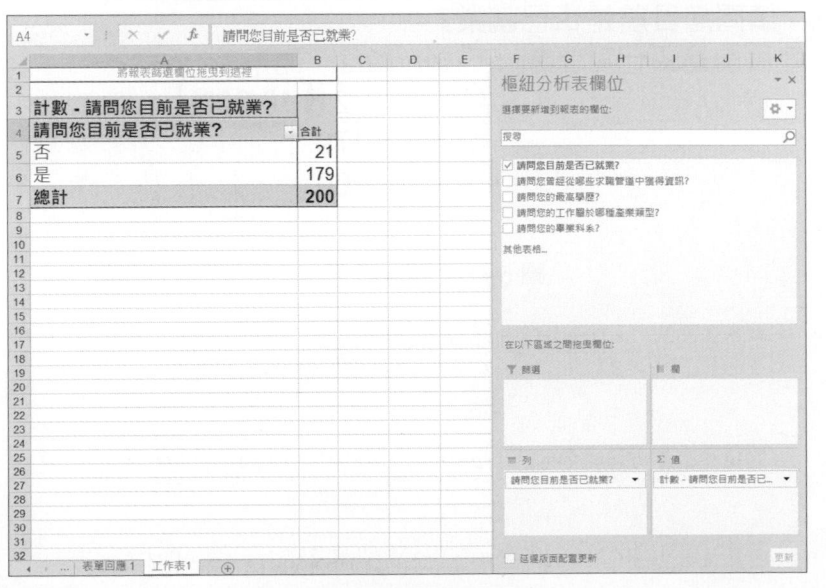

圖 5-46　樞紐分析表

3. 例 1：失業率

(1) 使用【樞紐分析表】計算未就業人數，如圖 5-47。

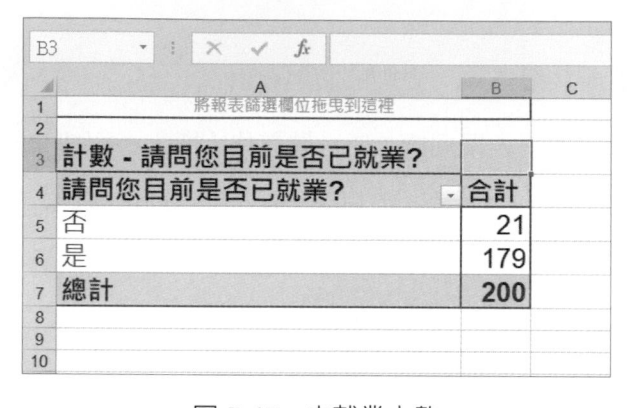

圖 5-47　未就業人數

(2) 複製表格內容，貼上為「值」，以便做進一步資料處理。

(3) 儲存格「C4」輸入比例公式，並將格式改為百分比，如圖 5-48。

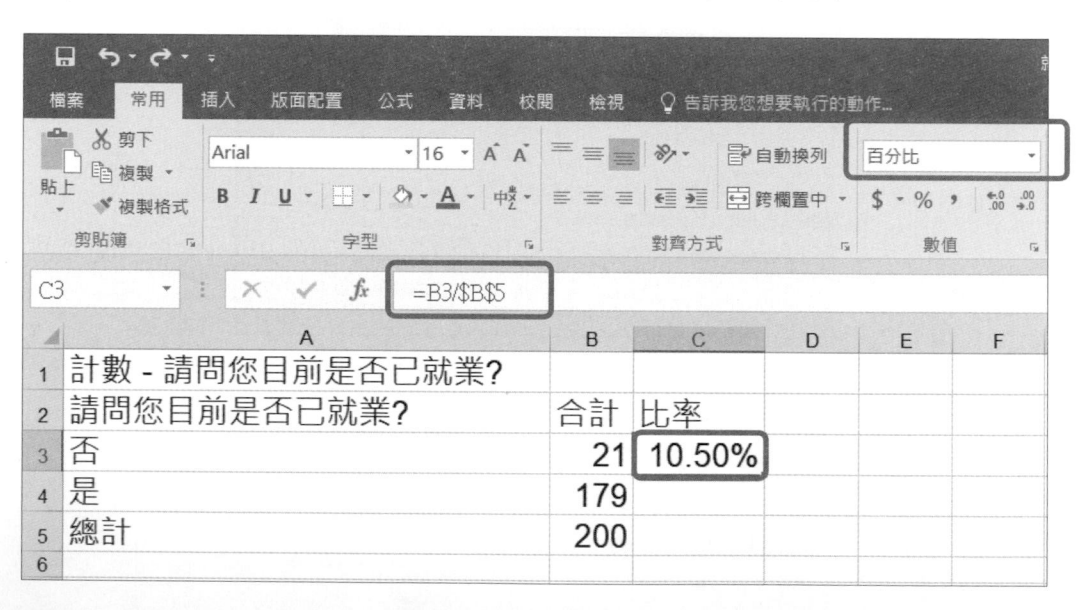

圖 5-48　儲存格「C4」

(4) 在游標移至儲存格「C3」的右下角，待出現「十」符號後往下拉，即可將公式複製到「C4」、「C5」。如圖 5-49。

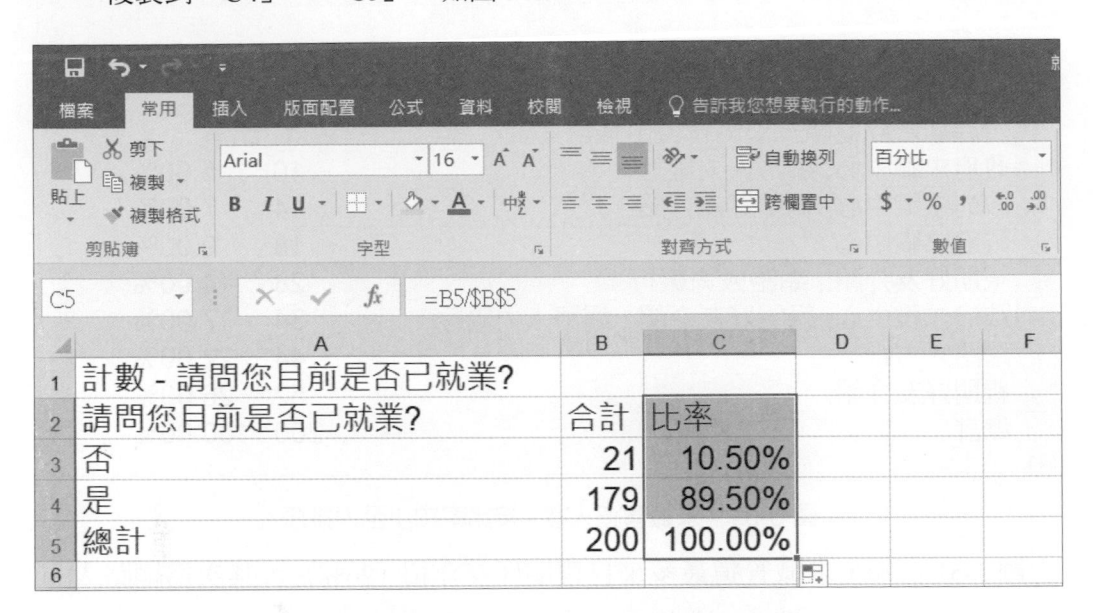

圖 5-49　複製「C3」的公式

(5) 由圖 5-49 可計算出預估失業率為 10.50%；預估就業率為 89.50%。

4. 例 2：求職管道資訊

(1) 仿照例 1 的步驟，可得到「求職管道資訊」的人數分佈結果如圖 5-50。

	A	B	C	D
1	計數 - 請問您曾經從哪些求職管道中獲得資訊?			
2	請問您曾經從哪些求職管道中獲得資訊?	合計	比率	
3	政府求職中心	18	9.00%	
4	政府求職中心, 網路人力銀行	10	5.00%	
5	政府求職中心, 親朋好友介紹.	14	7.00%	
6	政府求職中心, 親朋好友介紹., 網路人力銀行	34	17.00%	
7	網路人力銀行	44	22.00%	
8	親朋好友介紹.	52	26.00%	
9	親朋好友介紹., 網路人力銀行	28	14.00%	
10	總計	200	100.00%	
11				

圖 5-50　各求職管道資訊人數

(2) 除總計列之外，選取表格資料，按比率由小至大排列，結果如圖 5-51。

	A	B	C	D
1	計數 - 請問您曾經從哪些求職管道中獲得資訊？			
2	請問您曾經從哪些求職管道中獲得資訊？	合計	比率	
3	政府求職中心, 網路人力銀行	10	5.00%	
4	政府求職中心, 親朋好友介紹.	14	7.00%	
5	政府求職中心	18	9.00%	
6	親朋好友介紹., 網路人力銀行	28	14.00%	
7	政府求職中心, 親朋好友介紹., 網路人力銀行	34	17.00%	
8	網路人力銀行	44	22.00%	
9	親朋好友介紹.	52	26.00%	
10	總計	200	100.00%	
11				

圖 5-51　求職管道人數 - 按比率由小至大排序

由圖 5-51 可知，求職管道最多來自親朋好友介紹（26%），其次為網路人力銀行（22%），同時自政府求職中心、親朋好友介紹及網路人力銀行獲得資訊者占（22%），餘類推。

5. 例 3：最高學歷

(1) 仿照例 1 的步驟，可得到「最高學歷」的人數分佈結果如圖 5-52。

	A	B	C	D
1	計數 - 請問您的最高學歷？			
2	請問您的最高學歷？	合計	比率	
3	大學	168	84.00%	
4	高職	32	16.00%	
5	總計	200	100.00%	
6				
7				

圖 5-52　最高學歷人數

由圖 5-52 可知，最高學歷人數以大學以上最多占（84%），其次為高職（16%）。

6. 例 4：從事的產業類別

(1) 仿照例 1 的步驟，可得到「從事的產業類別」的人數分佈結果，如圖 5-53。

H14

	A	B	C	D
1	計數 - 請問您的工作屬於哪種產業類型?			
2	請問您的工作屬於哪種產業類型?	合計	比率	
3	不動產業	6	3.35%	
4	用水供應及汙染整治業	18	10.06%	
5	住宿及餐飲業	16	8.94%	
6	批發及零售業	14	7.82%	
7	服務業	12	6.70%	
8	金融及保險業	10	5.59%	
9	教育服務業	22	12.29%	
10	資訊及通訊傳播業	27	15.08%	
11	農林漁牧業	10	5.59%	
12	運輸及倉儲業	6	3.35%	
13	電力及燃氣供應業	2	1.12%	
14	製造業	16	8.94%	
15	藝術、娛樂及休閒產業	20	11.17%	
16	(空白)		0.00%	
17	總計	179	100.00%	
18				

圖 5-53　「從事的產業類別」人數

(2) 除空白、總計列之外，選取表格資料，按比率由大至小排列，結果如圖 5-54。

A3　資訊及通訊傳播業

	A	B	C	D
1	計數 - 請問您的工作屬於哪種產業類型?			
2	請問您的工作屬於哪種產業類型?	合計	比率	
3	資訊及通訊傳播業	27	15.08%	
4	教育服務業	22	12.29%	
5	藝術、娛樂及休閒產業	20	11.17%	
6	用水供應及汙染整治業	18	10.06%	
7	住宿及餐飲業	16	8.94%	
8	製造業	16	8.94%	
9	批發及零售業	14	7.82%	
10	服務業	12	6.70%	
11	金融及保險業	10	5.59%	
12	農林漁牧業	10	5.59%	
13	不動產業	6	3.35%	
14	運輸及倉儲業	6	3.35%	
15	電力及燃氣供應業	2	1.12%	
16	(空白)		0.00%	
17	總計	179	100.00%	
18				

圖 5-54　「從事的產業類別」- 按比率由大至小排序

由圖 5-54 可知，工作的產業類別以資訊及通訊傳播業（15.08%）最多，其次爲教育服務業（12.29%），藝術、娛樂及休閒產業占（11.17%）等，依此類推。

7. 例 5：畢業的科系（專長）

(1) 仿照例 1 的步驟，可得到「從事的產業類別」的人數分佈結果，如圖 5-55。

	A	B	C	D
	G4		fx	
1	計數 - 請問您的畢業科系？			
2	請問您的畢業科系？	合計	比率	
3	工業管理系	16	8.00%	
4	企業管理系	14	7.00%	
5	多媒體設計科	10	5.00%	
6	行銷與流通管理系	12	6.00%	
7	旅館管理系	12	6.00%	
8	財務金融系	10	5.00%	
9	商用資訊科	14	7.00%	
10	國際貿易科	8	4.00%	
11	教育心理與輔導學系	24	12.00%	
12	教育學系	4	2.00%	
13	資訊工程系	2	1.00%	
14	資訊管理系	34	17.00%	
15	農業化學系	10	5.00%	
16	餐飲管理系	8	4.00%	
17	環境工程系	4	2.00%	
18	觀光與休閒事業管理系	18	9.00%	
19	總計	200	100.00%	
20				

圖 5-55　畢業的科系（專長）

(2) 按照工程、管理、其他，排序結果。操作方法為在科系前插入一行，編寫其排序號碼，如圖 5-56。再使用【排序】的指令，由小至大排列，如圖 5-57。

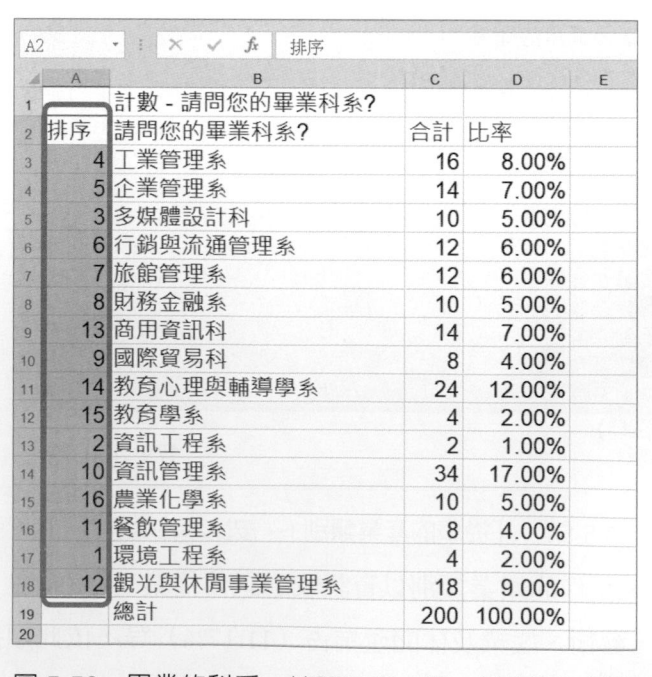

	A	B	C	D	E
	A2		fx	排序	
1		計數 - 請問您的畢業科系？			
2	排序	請問您的畢業科系？	合計	比率	
3	4	工業管理系	16	8.00%	
4	5	企業管理系	14	7.00%	
5	3	多媒體設計科	10	5.00%	
6	6	行銷與流通管理系	12	6.00%	
7	7	旅館管理系	12	6.00%	
8	8	財務金融系	10	5.00%	
9	13	商用資訊科	14	7.00%	
10	9	國際貿易科	8	4.00%	
11	14	教育心理與輔導學系	24	12.00%	
12	15	教育學系	4	2.00%	
13	2	資訊工程系	2	1.00%	
14	10	資訊管理系	34	17.00%	
15	16	農業化學系	10	5.00%	
16	11	餐飲管理系	8	4.00%	
17	1	環境工程系	4	2.00%	
18	12	觀光與休閒事業管理系	18	9.00%	
19		總計	200	100.00%	
20					

圖 5-56　畢業的科系—按照工程、管、其他插入編號

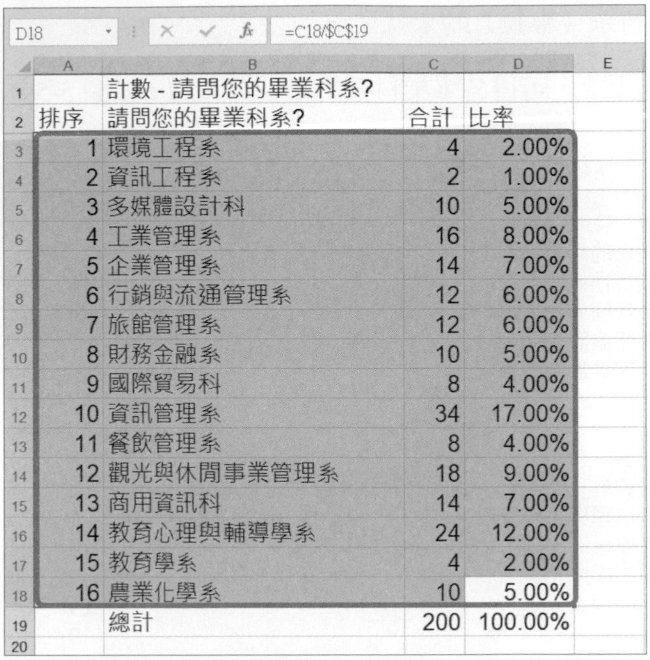

圖 5-57　畢業的科系─按照編號排序

6. 使用【樞紐分析表】描述兩個變數的交叉分析。

7. 操作方法為【插入→樞紐分析表】，將「請問您的畢業科系？」勾選為「列標籤」
將「請問您目前是否已就業？」勾選為「行標籤」→請問您的畢業科系？（或請問
您目前是否已就業？也行）拉至「值」，得兩個變數的樞紐分析表如圖 5-58。

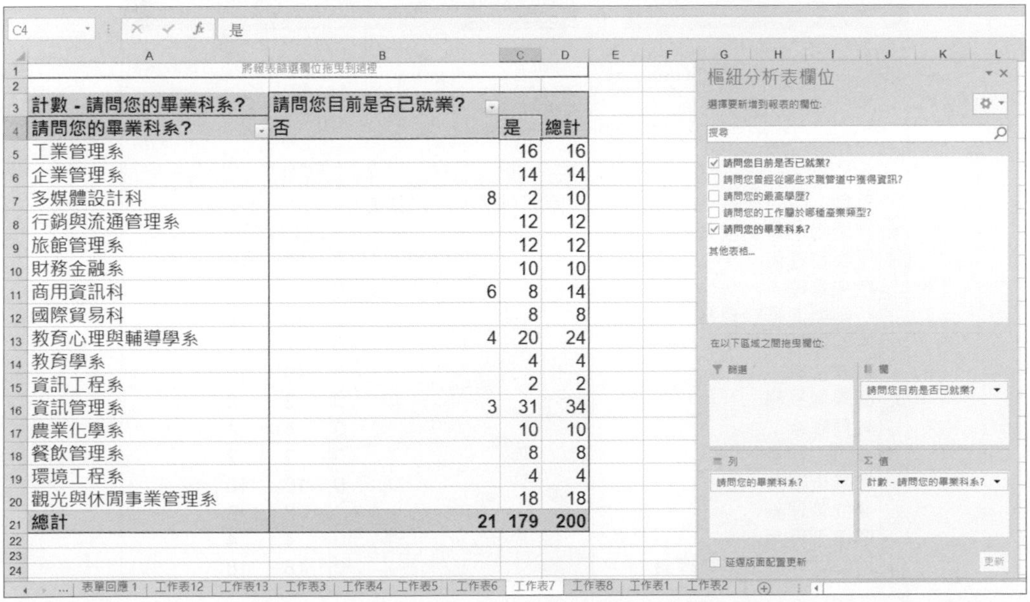

圖 5-58　樞紐分析表─兩個變數的樞紐分析表

8. 例 6：各畢業科系（專長）的未就業率。

(1) 使用前述步驟，可得各畢業科系的未就業人數，如圖 5-59。

	計數 - 請問您的畢業科系?	請問您目前是否已就業?			
	請問您的畢業科系?	否		是	總計
	工業管理系			16	16
	企業管理系			14	14
	多媒體設計科	8		2	10
	行銷與流通管理系			12	12
	旅館管理系			12	12
	財務金融系			10	10
	商用資訊科	6		8	14
	國際貿易科			8	8
	教育心理與輔導學系	4		20	24
	教育學系			4	4
	資訊工程系			2	2
	資訊管理系	3		31	34
	農業化學系			10	10
	餐飲管理系			8	8
	環境工程系			4	4
	觀光與休閒事業管理系			18	18
	總計	21		179	200

圖 5-59　各畢業科系的未就業人數

(2) 使用【篩選】，列出未「就業欄」中空白之處，填入「0」，如圖 5-60。

圖 5-60　空白之處，填入「0」

(3) 計算第一個科系的未就業率，複製該公式至其他科系，所得結果如圖 5-61。

	E3		✕ ✓	fx	=B3/D3	
▲	A	B		C	D	E	F
1	計數 - 請問您的畢業科系?	請問您目前是否已就業?					
2	請問您的畢業科系?	否		是	總計	未就業率	
3	工業管理系	0		16	16	0.00%	
4	企業管理系	0		14	14	0.00%	
5	多媒體設計科	8		2	10	80.00%	
6	行銷與流通管理系	0		12	12	0.00%	
7	旅館管理系	0		12	12	0.00%	
8	財務金融系	0		10	10	0.00%	
9	商用資訊科	6		8	14	42.86%	
10	國際貿易科	0		8	8	0.00%	
11	教育心理與輔導學系	4		20	24	16.67%	
12	教育學系	0		4	4	0.00%	
13	資訊工程系	0		2	2	0.00%	
14	資訊管理系	3		31	34	8.82%	
15	農業化學系	0		10	10	0.00%	
16	餐飲管理系	0		8	8	0.00%	
17	環境工程系	0		4	4	0.00%	
18	觀光與休閒事業管理系	0		18	18	0.00%	
19	總計	21		179	200	10.50%	
20							

圖 5-61　各畢業科系（專長）的未就業率

(4) 由圖 5-61 得知多媒體設計科的未就業率為（80%）最高；其次為商用資訊科為（42.86%）；而教育心理與輔導學系為（16.67%）；資訊管理系為（8.82%）。

本 章 習 題

1. 請利用「Google 表單」，設計一份「某某大學學生背景調查」的網路問卷。

2. 整理上一題所得的問卷結果，並進行資料分析。

歡迎加入 全華會員

● 會員獨享

會員享購書折扣、紅利積點、生日禮金、不定期優惠活動…等。

● 如何加入會員

掃 QRcode 或填妥讀者回函卡直接傳真 (02) 2262-0900 或寄回,將由專人協助登入會員資料,待收到 E-MAIL 通知後即可成為會員。

如何購買 全華書籍

1. 網路購書

全華網路書店「http://www.opentech.com.tw」,加入會員購書更便利,並享有紅利積點回饋等各式優惠。

2. 實體門市

歡迎至全華門市(新北市土城區忠義路 21 號)或全省各大書局選購。

3. 來電訂購

(1) 訂購專線:(02) 2262-5666 轉 321-324
(2) 傳真專線:(02) 6637-3696
(3) 郵局劃撥(帳號:0100836-1 戶名:全華圖書股份有限公司)
※ 購書未滿 990 元者,酌收運費 80 元。

OpenTech.com.tw 全華網路書店

全華網路書店 www.opentech.com.tw
E-mail: service@chwa.com.tw

※ 本會員制如有變更則以最新修訂制度為準,造成不便請見諒。

行銷企劃部 收

全華圖書股份有限公司

23671 新北市土城區忠義路 21 號

範例檔案下載方式：

　　本書範例檔案可依下列方式取得，請先將檔案下載至自己的電腦中，以便後續操作使用。（檔案密碼：0633201）

方法 1：掃描 QR Code

　範例檔案

方法 2： 連結網址　範例檔案　http://tinyurl.com/bdh4b89n

方法 3：OpenTech 網路書店（https://www.opentech.com.tw）

　　請至全華圖書 OpenTech 網路書店，在「搜尋欄位」搜尋本書，進入書籍頁面，點選「範例檔」即可下載。

商業資料分析與應用 第2版

本書作者群：洪維廷、彭艷婷、黃國男

- ▶ 學習資料分析的概念及商業上的應用。
- ▶ 學習統計學的資料類型、尺度及區分資料特性的重要概念。
- ▶ 透過 EXCEL 進行質化與量化的資料呈現，並進行資料分析。
- ▶ 以萬國 e 網就業通為案例，探討該機構在處理業務時所使用的資料蒐集、處理、分析方法。

ISBN 978-626-328-854-6

NT$ 390

9 786263 288546

00390